用 廚 房 道 具
學 做 菜

從 烹 調 原 理 、 日 常 使 用
到 料 理 嘗 試 ， 讓 下 廚 更 有 效 率

Contents

Part2　一鍋煮！善用鍋具做家常料理

058　（2-1）　平底鍋　｜彭安安｜

059　FIRST　了解平底鍋 - 使用與愛護

不同材質的平底鍋介紹

如何選擇合用的平底鍋？

使用鍋具時的注意—烹調前

如何清洗與養鍋—烹調後

068　SECOND　平底鍋的聰明料理法

烘・燉煮・炒・煎・烤

・Recipies・

Part3　家電幫手！聰明家電的省力料理

作 者 介 紹

義式料理老師 - Winnie

曾在義大利旅居多年並於當地的烹飪學校深入研習，返台後透過授課教學，傳遞義大利家常料理的精髓以及道地的飲食文化，樂於鑽研食材與創意發想料理，是充滿好奇心的料理研究家。

LE CREUSET 前料理講師 - 彭安安

中西日料理都擅長的安安老師，擔任 LE CREUSET 前料理講師多年，其中對於美味健康的環地中海料理特別有研究。老師的烹調手法優雅、配色擺盤風格細緻，深受女性學生們喜愛。

知名料理 & 烘焙老師 - 王安琪

安琪老師熟稔各種料理與手做烘焙，教學與
出書經歷皆相當豐富，現有 50 本著作，涵蓋
創意料理、烘焙、副食品…等主題，現為自
由接案的專業料理講師，透過教學分享美好
的生活概念。

設計師 & 飲食作家 - 包周

為食物 & 設計兩個領域工作，熱衷探究食物
文化故事、發掘亞洲飲食的過往今昔。希望
透過著作、專欄及節目，將設計與食物知識，
轉化成「Edible Food Styling 食飾」，讓餐桌
料理更誘人食慾。

Part1

零門檻！
廚用小道具的
簡單料理

{ 料理剪刀 / 削皮刀 / 刨絲器 / 壓模 }

除了用刀具切食材，還有什麼廚房道具能省力輔助備料呢？其實，廚用小五金是很不錯的選擇，使用操作容易且能輔助處理的食材很多樣，即使刀工不好也不用擔心！本篇章要介紹4種新手也能嘗試用的五金小道具，用它們備料並做出簡單菜色。

1-1

廚用小五金

做菜前的備料，對於不少廚房新手來說很有障礙，可能是用刀不習慣，或是用刀的方式不對，而把食材切得歪七扭八或厚薄不均。改用廚房小五金來嘗試備料吧，只要有料理剪刀、削皮刀、磨泥器，甚至是壓模器也可以，嘗試運用這些有別於平日做菜的五金工具，讓做菜變得更方便。

FIRST 無需刀工的懶人料理法

剛開始學做菜的你，或許對於用刀切食材這件事還無法掌握得很好，像是對於使用菜刀將食材切成薄片、切細絲…等備料過程。這時不妨試著嘗試看看使用廚用小五金來備料吧！廚用小五金就是能夠為你省時省力的備料好幫手，一起來了解如何使用。

(A) 料理剪刀

對於用刀具有恐懼感的新手朋友來說，不妨用料理剪刀來嘗試做菜第一步，巧妙利用剪刀尖端，可以輔助你完成滿多種食材備料，即使刀功不好也沒關係。比方，運用料理剪刀做出蝦子的開背、為肉類去骨、食物造型、切絲與縮小食材體積，輕鬆跨越料理障礙。

以下介紹用料理剪刀可以完成的各種備料法，處理蝦子、鎖管類、肉類…等。

乾淨清除蝦腸&開背

先將帶殼的急凍鮮蝦稍微沖水，待半退冰後，用料理剪刀從蝦頭後的第一節開始剪至蝦尾，就能開背取出腸泥了，有助於料理時更易入味。

若要做開背填塞調味料的菜式，下刀深度約2/3的深度即可，僅清除蝦腸即可，但不要連蝦肉也剪到了。

避免蝦子油爆的前處理

煎炸蝦子時，易因為蝦頭、蝦尾水分而產生油爆；為避免以上情況，先用料理剪刀把蝦頭部分的眼、額角、觸鬚剪掉，除了避免烹煮時油爆之外，也能避免手被蝦子的額角刺傷。

用剪刀做出筆直炸蝦

想要做出筆直的炸蝦，只要做一點事前處理。先去除蝦腸後將蝦背朝下，在蝦背上的蝦節處剪幾刀，剪斷筋的部分後，再將蝦翻轉，在腹部剪幾刀（每次下刀需隔一點距離），接著將蝦用手壓一下，將蝦攤直即可。

剪出好看的皇冠花圈

鮮魷魚、透抽、花枝除了一般劃刀花、切成圈狀外，還能變化做成皇冠圈狀。

先將鮮魷魚去除內臟與墨囊與身體裡的半透明長條硬殼，另留下魷魚腳，只取用身體的部分。將身體剪出約4cm寬的魷魚圈，再沿著邊緣剪出約寬0.8高、長2cm的的流蘇狀，烹調後就會捲成皇冠圈（食譜請見P.044）。

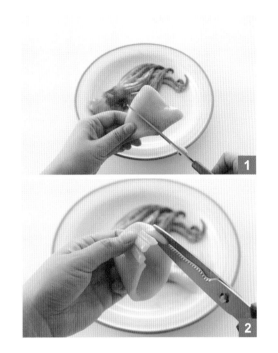

處理棒棒腿與雞翅腿

運用料理剪刀尖端，將棒棒腿下方先縱向朝上，先剪出2cm的小開口，接著用手將雞腿肉朝上翻起，就像脫T恤的方式讓雞肉上捲，並露出下方骨頭。

翻捲肉的過程中如有筋膜連結骨肉，就用剪刀輔助剪開，會更好朝上翻起，成功翻捲後，棒棒腿就會像是鬱金香般的花狀（食譜請見P.046）。

剪出漂亮的蔬菜絲

想將木耳、火腿、薄荷葉、萵苣葉...等軟軟的片狀食材處理成絲時,可先將它們一片片疊好然後捲起來,就能快速剪成細絲使用。

常備萬用蔥花&蔥絲

先將洗淨的蔥剪成長段後集成一束,依料理需求剪出蔥花或蔥段;或將蔥剪成4-5cm長段,再用剪刀將蔥段縱向剪成0.2cm左右的絲,剪好後泡一下冰水,就會捲成漂亮的蔥絲。

（B）削皮刀·刨絲器

削皮刀除了用來削去蔬菜外皮，也可刨出細長薄片，烹調時就能加速燉煮時間，但注意屬性鬆軟或易碎的食材上並不適用，例如：香蕉、番茄、餅乾、麵包、莫扎瑞拉起司及各種肉類與海鮮。如果削皮刀有小鋸齒，還可輕鬆削去番茄皮、芒果皮…等，就不用汆燙後再去皮了。

加速燉煮時間的刨片處理

需長時間燉煮入味或軟透的紅白蘿蔔，先削成長條薄片狀再與食材一同捲起、排入鍋中，淋上調味燉煮汁及冷水，加蓋煮至沸騰只要5分鐘。

用長薄片輕鬆做沙拉裝飾

刨成長薄片的蔬菜，可做沙拉、醃漬、焗烤料理。此方式適用於條狀瓜類，例如：櫛瓜、小黃瓜…等。在刨片時，記得單手握緊食材，以避免滾動。以同樣力道橫向刨片，才能刨出厚度一致的片狀喔！

削去秋葵蒂頭粗皮

不切除秋葵蒂頭就烹調，能讓秋葵營養的黏多醣體不流失，也能避免料理口感變得黏黏的。但是為了增加適口度，先用削皮刀削去1-2層蒂頭硬皮，就比較好食用。

削去粗厚的蔬菜葉脈

包心葉菜類的葉片根部有時太厚而不好食用，或是要做疊煮料理時，擺放不易平均的情況。這時可用削皮刀把葉片根部先削平一點（建議把葉片平擺在砧板上操作，會比較容易）。

簡易刨出起司片

如果家裡沒有起司專用刨刀，可用有小鋸齒的削皮刀刨出長片狀、大薄片…等，以搭配沙拉、義大利寬麵、三明治這類菜色。

快速刨去花椰菜外皮

用削皮刀薄薄削去花椰菜外皮，就能讓烹調時間縮短一些，以避免菜梗煮軟、但花蕊口感太爛的狀況。

輕鬆剝除蒜皮

用削皮刀在蒜瓣底部硬硬的部分先削開一個口，能讓蒜皮變得很好剝除，蒜味和屑屑也不會留在指甲縫裡了。

笨手也能刨出細絲

如果你對於把食材切絲很不在行，不妨用刨絲刀來代勞吧！只要用「刨」的，就能刨出粗細相同的蔬菜細絲。

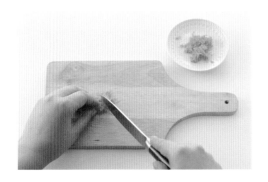

省力製作蔬菜細末

把食材切成末也是許多新手的障礙，改用刨絲器將根莖類蔬菜、瓜類刨成細絲後再切，就能切出極小又工整的細末，製作肉餡或加在煎餅、煎蛋裡都好用。

輕鬆製作馬鈴薯絲

將馬鈴薯刨成細絲後，可做成煎餅或炒食；或在煮咖哩時，把一半馬鈴薯刨成絲，藉由其中的澱粉質讓咖哩變得更濃稠好吃。

(C) 磨泥器

家中沒有食物調理機的人，買個手動磨泥器也有類似效果，將生或熟的食材磨碎或磨成泥做變化烹調，磨好的食材可以做醬汁、餡料、拌入麵糊…等，比方：磨碎水煮蛋撒在沙拉上，或混合成塔塔醬、磨出馬鈴薯泥做麵團或煎餅。

磨出根莖蔬菜泥

將南瓜磨成泥後，混入起司跟調味料，就能做出美味的起司南瓜煎餅，或是包入義大利餃中當餡料。若將南瓜泥拌入米飯與白醬，做成南瓜起司口味的燉飯也合適。

將白蘿蔔洗淨後削皮（亦可不削），再磨成泥與日式醬油混合，做成和風醬汁使用。

馬鈴薯很難保存，一旦發了芽就不能吃，不妨磨成泥後跟麵粉混在一起做麵疙瘩，冷凍在冰箱當成主食備用。

磨出料理用薑汁

用洗淨的帶皮嫩薑，以磨泥器稍微磨碎，再放進密封罐保存，做菜時隨時能使用。但建議磨好的薑汁請於3天內使用完畢，否則香氣就會不足了！

磨出料理用雞蛋碎

用磨泥器將煮熟的水煮蛋磨成蛋碎，可以撒在沙拉上，或和洋蔥、酸黃瓜一起混入美乃滋，做成塔塔醬。

Ⓓ 壓模

用壓模可以簡單為食材做出形狀、讓料理更有造型與變化，我個人覺得花型模、圓形花邊模最好用，像是根莖類蔬菜、加工肉品、麵團、吐司麵包…等都適合；當然也能選擇與節慶相關的壓模，例如聖誕節薑餅人、小星星。以下簡單介紹用法：

製作蔬菜花片

可應用在比較硬的根莖蔬菜類上，例如：紅白蘿蔔片，但含澱粉的根莖類（例如地瓜或馬鈴薯）煮後容易形狀不完整或邊緣化掉，需留意烹煮時間。

製作吐司片

在吐司上壓出造型後，可用來做成小餅乾，吐司片可以拿來烤、煎，或是夾入餡料做成一口三明治（建議選用比較大的壓模）。

製作米餅

選用尺寸較大的圓形壓模，將熟米飯裝在裡頭，再用手稍微壓緊，就可以將米飯做出米餅、米漢堡、或將壓模當成造型壽司模。

為肉品定型

將起司片或火腿片層層疊起，用壓模一次壓出多片，變成製作沙拉用的配料。建議用在薄片且較柔軟的加工肉品上，比較好操作成功。

 五金道具怎麼清？

1 料理剪刀
建議買可以拆開的料理剪刀，這樣不論清洗或想磨利才會方便。

2 削皮刀、磨泥器、刨絲器
用棕刷或小牙刷沿著刀片方向刷洗，請不要用菜瓜布直接刷，特別是刀片是鋸齒狀時，會「咬」住菜瓜布纖維而不易清潔喔！平日洗淨並確實風乾後，再收納起來。

3 蔬菜壓花器
用海綿搭配棕刷或小牙刷，把殘留的食物屑洗淨，別使用鋼刷，以免刮傷後容易生鏽。等確實風乾後，按大小疊一起排放在盒中。

花園沙拉佐桔味醬

用剪刀、壓模、磨泥器就能簡單做出方便沙拉。沙拉的材料也能替換成別種蔬菜，建議放點食用花，會讓成品整個鮮亮活潑起來！

材料（2 人份）

綠葉生菜 150g
茼蒿花（或其他食用花）4-5 朵
火腿 2 片
櫻桃蘿蔔 1 個
荷蘭馬仕達起司（或其他起司）適量
水煮蛋 1 顆

醬料
客家桔醬 3 匙
橄欖油 3 匙
白胡椒粉 1/2 匙

作法

① 生菜、櫻桃蘿蔔、食用花洗淨，用剪刀剪去生菜根部、櫻桃蘿蔔切片。

② 用花型壓模壓出火腿，放入平底鍋中乾煎至有香氣，取出備用。

③ 用磨泥器將水煮蛋直接磨成蛋碎，備用。

④ 備一有蓋的乾淨無水分瓶子，倒入客家桔醬、橄欖油、白胡椒粉，搖勻成醬。

⑤ 將蔬菜類擺盤或隨意混合，淋上醬再撒上作法3的蛋碎、刨幾片起司片即完成。

Tips

火腿先切半後疊一起再
壓模，就能加快速度。

吐司脆糖餅

吃膩了夾餡吐司嗎？或是家中有剩下吃不完的吐司，把它們拿來做成小脆餅，雖然熱量有點邪惡，但是非常簡單好做又好吃。

材料 （2 人份）

薄吐司麵包半包

無鹽奶油 50g

二砂（或白砂）3 湯匙

作法

1. 將奶油放室溫軟化，備用；用壓模將吐司麵包壓成小片狀。

2. 在吐司片上抹奶油，撒上砂糖，放小烤箱烤5分鐘（若是用大烤箱，上下火為150度並預熱15分鐘，烤20分鐘），確認表面變酥脆即完成。

也能將奶油直接融化，改用
刷子刷在吐司表面，以加快
烘烤速度。

星星秋葵煎蛋捲

一般日式煎蛋捲是沒有包料的，在這個食譜中做成變化版，納入一點綠色點綴，放入秋葵後的蛋捲切面多了色彩，口感也比較豐富。

材料 （4 人份）

秋葵 6 根

雞蛋 8 個

鹽 1/2 匙

作法

1. 用鹽稍微搓洗秋葵，再用小型削皮刀削去花萼硬皮與蒂頭；打蛋入碗，加入鹽，打成蛋液，備用。

2. 在日式煎蛋鍋中倒一點油，放入秋葵煎，待顏色變更綠時，先盛起備用。

3. 舀入一大勺蛋液入鍋，在離自己近的一端擺2根秋葵，從尾端將蛋皮輕柔掀起，用蛋皮包住秋葵捲起並壓一下。稍微定型後，再舀一勺蛋液入鍋，重複3次可完成1條蛋捲。

4. 依作法1-3重複，共可做出3條蛋捲，放涼後再切片吃。

Tips
_____

1. 煎好的蛋捲需稍微放涼
再切，因為還熱著就切的
話，容易破裂鬆散。

2. 如果覺得食譜份量太
多吃不完，亦可對半做調
整，變成2人份。

芝麻味噌什錦煮

常見的什錦煮大多會切成塊狀，這裡把食材刨成薄片，一方面縮短煮的時間，食材也更易入味喔。

材料 （2 人份）

白蘿蔔 1/3 根
紅蘿蔔 1/2 根
鴻禧菇半株
雪白菇半株
火鍋用梅花豬肉片 200g
蔥半根

調味汁

味噌 2 大匙
大蒜 3 瓣
白芝麻 2 匙
香油 1.5 匙
醬油 3 湯匙
砂糖 1 匙
柴魚粉半匙
清酒 3 匙
水 350ml
熟的白芝麻 3 匙 搗碎

作法

1. 剪去鴻禧菇、雪白菇根部並掰散；用削皮刀將紅白蘿蔔削成較寬的薄長片，浸泡薄鹽水10分鐘後取出，瀝乾水分。
2. 把紅白蘿蔔薄片、肉片相疊並捲起，最外層再捲上一圈紅蘿蔔片，以牙籤固定。
3. 備一湯鍋，放入作法2的蘿蔔肉捲，倒入調味汁材料淹過食材，以中火煮沸後加入兩種菇，加蓋轉中小火煮7分鐘後關火，剪入蔥絲或蔥花入鍋中即完成。

Tips

煮白蘿蔔時會再出水，
如果做蘿蔔肉捲的量比
較多，一開始的調味汁
只會剛好蓋住食材，可
視出蘿蔔出水的情況，
再添入剩下的調味汁。

千層白菜煮佐和風醬

用小廚具們來完成這道白菜煮的備料,之後放電鍋快速煮即可,是既方便又下飯的美味料理。由於娃娃菜買到的大小不一定,若買到比較大一點的,用 3 株來做就夠了。

材料 （2人份）

娃娃菜 5 株（約 10cm 長）
豬絞肉 150g
紅蘿蔔 25g
白胡椒 1/4 匙
香油 1 匙
鹽 1/2 匙
水 1 匙

燉煮汁
料理米酒 50ml
有鹽雞高湯 200ml
水 300ml

沾醬
白蘿蔔 1/4 根
柴魚和風醬油 3 匙
蔥 1 根

作法

① 用磨泥器將紅蘿蔔磨成泥末、用剪刀把培根剪成末。

② 用剪刀剪去娃娃菜的根部,分開葉片並用刨刀把葉片肥厚部分刨平。刨下來的部分剪碎,放入碗中,與紅蘿蔔末、香油、胡椒、鹽、水和絞肉拌至出現些許黏性。

③ 在葉片上薄薄塗一層絞肉,再疊上一層娃娃菜,重複動作疊至4-5層後切成兩段（若是更大株的娃娃菜則切三段）。

④ 將疊好的成品直立放在放入琺瑯盤內,淋上混合好的燉煮汁,請覆上可耐高溫的保鮮膜,移至電鍋中,並在外鍋放3/4杯水蒸熟。

⑤ 將沾醬材料混勻,和千層白菜煮一同享用。

Tips

除了用電鍋，也可改
用保溫性良好的深湯
鍋來燉煮，並增加湯汁
份量。只要準備米酒
100ml+雞高湯150ml+水
300ml，加蓋煮滾後轉
小火，煮至白菜變透，
就能整鍋上桌。關火後
嚐一下湯的鹹度，視情
況調整喜愛的鹹度。

懶人咖哩炒飯

炒飯是很方便餵飽自己的一道料理，有什麼料就全部丟進去，當然如果能考慮一下食材配色的話，炒飯成品會更好看、引人食慾。

材料 （1人份）

道森咖哩粉 1 匙
鹽 1/2 匙
熱白飯 1 碗
蔥 1 根
紅蘿蔔 15g
火腿片 1 片
雞蛋 1 個

作法

1　將火腿片壓成小花、蔥剪成蔥花、紅蘿蔔刨絲後切末，備用。

2　在炒鍋中倒入1湯匙油，稍微熱鍋後，打入雞蛋並用鍋鏟快速攪散成蛋碎，然後撥到鍋子的一邊。

3　鍋中再倒1湯匙油，依序放入熱白飯、火腿片、紅蘿蔔末、咖哩粉、鹽、蔥花，拌炒至米飯均勻染上咖哩顏色後關火。

Tips

1. 建議用熱熱的白飯來
炒，這樣拌炒時比較容
易拌開。

2. 我最推薦的咖哩風味
是很老口味的「道森咖
哩粉」，當然你也可換
成自己喜愛的品牌。

擔擔風涼麵

香辣的涼麵在夏天享用很開胃！用磨泥器、刨片刀就能製作佐涼麵的蔬菜，再加上炒得噴香的肉燥，保證胃口大開。

材料 （2人份）

油麵 200g	醬油 3 匙
豬絞肉 150g	鎮江香醋 3 匙
薑 10g	花椒油 1 匙
大蒜 15g （涼麵醬） 紅油 2 匙
鹽 1/2 匙	芝麻醬 3 匙
米酒 1 匙	砂糖 1 匙
香菜葉適量	冷開水 50ml
櫻桃蘿蔔 1 個	
鹽酥米花生 1 把	

作法

1. 用刨片刀將黃瓜刨成長薄片、薑與大蒜磨成泥、櫻桃蘿蔔去皮後刨絲，備用。
2. 備一滾水鍋，放入油麵煮1分半，麵熟後撈起沖冷水後放涼瀝乾。
3. 將涼麵醬材料倒入碗中混勻，鹽酥花生米去皮，備用。
4. 在平底鍋中倒入一匙油，放入絞肉、薑泥一起炒，待絞肉呈現金黃色並滲出油脂後，加蒜泥一起炒香，最後倒入米酒、鹽拌炒均勻，盛起備用。
5. 將涼麵裝盤，放上炒好的絞肉、蔬菜絲、香菜葉，淋上醬後再撒些花生米即完成。

Tips

1. 如果買得到炸過的花生米，搭配涼麵一起吃會更香。

2. 若買不到鎮江醋，可以改用糯米黑醋，味道也很香喔！

薑汁豆漿春雨湯

用磨泥器、壓模、剪刀就能自製一鍋濃郁好湯，在冷冷冬天裡，來一碗很暖身的湯品吧！

材料 （？人份）

嫩薑 50g

海帶芽 1 把（掌心份量）

紅蘿蔔花片

新鮮黑木耳 2 朵

火鍋用梅花豬肉片 2-3 片

冬粉 1 束

無糖豆漿 200ml

有鹽雞湯 200ml

水 80ml

香油 1 匙

作法

1 冬粉泡水10分鐘，變軟後剪成段；海帶芽稍微沖一下冷水，備用。

2 用磨泥器磨出薑泥、用壓模將紅蘿蔔壓成花片、香菇切成4塊、蔥切成蔥花。

3 木耳洗淨後剪去蒂頭，將兩片疊好並捲起，用剪刀剪成細絲。

4 取一湯鍋，倒入雞湯、豆漿、薑泥煮滾並撈去浮末，加入梅花豬肉片、軟化的冬粉、紅蘿蔔花片、海帶芽、黑木耳絲一起煮。

5 煮至冬粉變透明後關火，起鍋前撒上蔥花。

Tips

煮湯的時候，火不要轉
太大，避免豆漿焦底。
湯汁煮滾稍久的話，
在豆漿湯汁上方會出現
薄薄的豆漿皮，雖然能
吃，但看起來比較不美
觀，可以用湯匙刮掉。

皇冠魷魚肉餅佐五味醬

用剪刀來處理鎖管類的海鮮很方便，建議可以買一把料理用剪刀，讓備料更省力。這道料理可直接吃，或沾著醬汁一起吃。

材料 （2 人份）

阿根廷鮮魷魚 1 隻

豬絞肉 150g

醬油 1 匙

胡椒 1/4 匙

鹽 1/2 匙

香油 1/2 匙

米酒 1 匙

香菜 1 把

中筋麵粉（或玉米粉）少許

五味醬

蔥白 1 段（10cm）

大蒜 25g

嫩薑 25g

朝天椒 1/3 根

醬油膏 3 匙

開水 1 匙

作法

1. 將磨泥器將薑、蒜磨成泥，香菜、朝天椒、蔥白剪成細末，備用。

2. 將魷魚身體與腳分開，剪下三角形的尾鰭。將魷魚身體剪成3-4cm長段的圈圈，而邊緣剪成流蘇狀。

3. 備一滾水鍋，加入清酒，放入魷魚圈氽燙，此時邊緣會捲成皇冠造型。撈起魷魚圈並擦乾水分，在內側薄薄塗上一層麵粉。

4. 豬絞肉、香菜末放入碗中，倒入醬油、鹽混勻，接著將絞肉填入魷魚圈，用手壓緊實、讓絞肉不會鬆脫，上方另擺辣椒圈裝飾。

5. 將魷魚圈排入耐熱器皿（彼此間保留點距離），放入電鍋蒸，外鍋大約3/4杯水，蒸10-15分鐘後取出。混勻沾醬材料，當成佐醬一起食用。

Tips

1.不喜歡香菜的話，可換
成芹菜或蔥；鮮魷魚也可
換成透抽。

2.剪下來的魷魚腳與尾
鰭，留著做其他料理用。

棒棒烤雞腿

用剪刀就能處理棒棒腿，不僅做出來的成品變好看、像是一朵鬱金香，而且食用時也更加方便。

材料 （2人份）

棒棒腿 5-6 隻

醃料

醬油膏 6 匙

大蒜 20g

醬油 1 匙

白胡椒粉 1 匙

香油 3 匙

細的韓式紅辣椒粉 1/2 匙

作法

1. 先用剪刀將雞翅腿底部剪掉，再從側邊剪一刀，再把腿肉朝上翻開，就會露出下方的細細骨頭。

2. 將醃料倒入大碗中混勻，放入處理好的棒棒腿醃至少15分鐘或隔夜。

3. 醃好的棒棒腿排在烤盤上，進烤箱烤15分鐘（上火200度、下火180度），取出再翻面薄薄刷一次沾醬，因為沾醬已隨著雞雞汁與油留到下方，這個動作只是稍微上色，不要抹太厚喔！接著改用220度烤5分鐘即完成。

Tips

翻肉時，稍微用剪刀輔
助一下，好讓骨肉容易
分離，這個動作能讓小
小的棒棒腿肉在食用時
覺得肉的份量變多，也
更方便吃。

焗烤南瓜培根貝殼麵

這道食譜特別選用了大型的貝殼麵，把餡料填入麵中再烤，有別於一般焗烤麵的做法，每一口都能吃到滿滿南瓜餡與醬。

材料 （？人份）

南瓜 175g

洋蔥 1/4 個

培根 3 片

大貝殼義大利麵 100g

焗烤用起司絲 250g

白醬

中筋麵粉 1 匙

油 2 匙

鮮奶油 80ml

水 160ml

鹽 1/2 匙

黑胡椒 1 湯匙

作法

1. 將南瓜去皮去籽、用磨泥器磨出洋蔥泥，備用。

2. 加熱平底鍋，乾煎培根至熟後取出，以廚房紙巾吸去多餘油分，剪碎後與50g起司絲一起拌入南瓜泥中，備用。

3. 備一加了鹽的滾水鍋，加入大貝殼義大利麵煮10分鐘（或依包裝指示時間），撈出瀝水並放涼。

4. 平底鍋中倒入2匙油，開小火，先加1匙麵粉炒至些微起泡，接著加鮮奶油、水、鹽、黑胡椒煮滾成有稠度的白醬。

5. 將作法2的南瓜餡填入每個大貝殼麵中，擺進烤盤裡並淋上白醬、撒上200g起司絲，烤20分鐘（上火180度、下火150度）後取出。

Tips

如果沒有大貝殼義大利
麵，可改為大水管形的
義大利麵或千層麵；煮
白醬的部分，也可換成
市售白醬。

《Part 1》零門檻！廚用小道具的簡單料理

薑蒜蓉蒸蝦

類型

免刀工

電鍋料理是懶人做菜的選項之一，用剪刀、磨泥器來做這道蒸蝦，做法不難但是非常下飯，在家不妨試試看。

材料 （5人份）

草蝦 5 尾　　　　　　　鹽 1/2 匙

大蒜 15g　　　　　　　薑 15g

紅辣椒半根　　　　　　油 3 匙

冬粉 1 把　　　　　　　米酒 3 湯匙

蔥半根

作法

1. 用磨泥器將蒜和蒜都磨成泥，蔥剪成蔥絲後泡冰水；先剪去辣椒蒂頭，再剪成絲，最後剪成末，備用。

2. 將冬粉放入冷水泡10分鐘、使其變軟，再剪成長段。

3. 在碗中放入蒜、薑、油、米酒、鹽、紅辣椒，拌合成蒸蝦用的調味汁。

4. 用剪刀將蝦子開背並去除蝦腸，蝦頭尖刺、眼睛、觸鬚和蝦腳都剪掉，這樣食用時比較不刺嘴。

5. 在盤內鋪一層冬粉、擺上蝦子，淋上作法3的醬汁，擺入電鍋蒸熟（外鍋半杯水）即完成。

1. 將蔥絲泡冰水，就會捲捲的變好看；如果剪辣椒絲和末太難的話，改剪成圈狀也可以的。

2. 這份食譜也能改成用烤的，若要烤的話，就不要放冬粉囉！另外，沙拉油也可改成奶油，烤好的味道會更香。

材料 （2人份）

紅蘿蔔 100g

肉桂粉 1/2 匙

無糖鬆餅粉 250g

黑糖粉 4 匙

無糖豆漿 125ml

食用花數朵

醬料｜液體鮮奶油 150g
　　｜龍眼蜂蜜 1 匙

作法

1 用磨泥器將紅蘿蔔磨成細末，放入碗中。

2 倒入黑糖粉、鬆餅粉、肉桂粉和豆漿，拌成麵糊。

3 用廚房紙巾在平底鍋裡抹一層薄薄的油，以中小火熱鍋。倒入一匙麵糊，煎至單面有氣孔出現，大約半熟後，翻面續煎至熟。

4 將醬料材料倒入碗中，用攪拌器打成鮮奶油霜，佐上煎餅一起吃。

烹調法
免刀工

黑糖肉桂
紅蘿蔔煎餅

單片的煎餅除了佐蜂蜜鮮奶油吃，也能在表面抹上奶油、擺上當季水果切塊，做成鬆餅塔！如果不敢吃鮮奶油者，就單純淋上蜂蜜享用吧。

Tips

此麵糊也可倒入甜甜圈造型的蛋糕模或小尺寸蛋糕模，以180度進烤箱烤25分鐘，徹底放涼後脫模，烤好後的口感是扎實一點的蛋糕。

糖醋漬蔬菜丁

在家做輕醃漬的蔬菜很容易，利用週末把它做起
來，就能讓忙碌的週間加菜了。喜歡吃辣的人，
可改用有辣度的辣椒製作。

材料 （？人份）

紅蘿蔔 25g

白蘿蔔 150g

紅辣椒 1/3 根

醃漬汁

糯米醋 200ml

砂糖 100g

水 100ml

作法

1. 將紅蘿蔔切成2-3mm薄片、白蘿蔔切成1.5-2cm厚片，用壓模壓成花片。如果處理成厚的花片，可用小刀在中心刻出立體感，形狀更美且讓切面變多、更易入味。

2. 備一乾淨無水分的玻璃瓶，放入紅、白蘿蔔片。

3. 剪去紅辣椒蒂頭，再剪成小圈（直接剪入罐內）。

4. 將醃漬汁的材料倒入湯鍋中，煮沸後放涼。

5. 把醃漬汁倒入瓶中、淹過蘿蔔片，加蓋放冰箱冷藏一夜即可。

Tips

1. 建議用糯米醋，滋味會比較柔順溫和。

2. 因為不是口味很重的泡菜，請在1週內食用完畢。

韓式煎馬鈴薯餅

馬鈴薯是很親切的食，用它做成小巧的煎餅，
既能當餐間點心也能當成輕巧的主食。

材料 （2 人份）

馬鈴薯 300g

辣椒 1 根

鹽 1/2 匙

中筋麵粉 125g

黑胡椒粉 1 匙

蔥綠 1 根

沾醬 {
白醋 2 匙
鹽 1/2 茶匙
蒜泥 1/2 匙
}

作法

① 先剪去辣椒蒂頭，再剪成長條狀，然
後剪成末；蔥綠則剪成蔥花，備用。

② 將馬鈴薯去皮，用磨泥器磨成泥至碗
中，與麵粉、鹽、黑胡椒粉、蔥花、
辣椒末混勻成麵糊。

③ 在平底鍋中倒入油（需比炒菜的量多
些），一匙匙舀入麵糊定型，以金屬
湯匙一匙匙舀入麵糊定型，以中小火
半煎炸的方式，煎至邊緣金黃酥脆，
再翻面煎熟。

④ 混勻沾醬材料，當成佐醬一起食用。

Tips

將馬鈴薯磨泥的過程
中，會因為澱粉氧化導
致表面變褐色，所以建
議做好麵糊後趕快使用
掉，不要放隔夜喔。

帶皮蔬菜風味漬

在冬天白蘿蔔季的時候，很推薦這個食譜。
微微辣辣的味道非常開胃、配什麼主食都好吃。

Tips

放入乾淨無水的容器內
保存，移至冰箱內冷藏
可保存一週，記得要用
乾淨的食器取出要用的
份量，才不會使泡菜腐
敗喔！

材料（2人份）

白蘿蔔皮 100g

韭菜 100g

鹽 5匙

醃醬
韓式粗辣椒粉 2匙
大蒜 20g
魚露 2匙
蘋果醋 2匙
香油 3匙
糖 1匙
香油 少許

作法

1. 洗淨白蘿蔔並去皮去鬚，若有黑點可一併挖掉，接著用刨片刀先刨下數片白蘿蔔皮。

2. 洗淨韭菜後切成長段、大蒜磨成泥，與醃醬材料一起混勻。

3. 將白蘿蔔皮與韭菜放入碗中，撒上鹽拌一下，放置15-20分鐘等待出水。接著捏去多餘水分後，以熟開水洗去多餘鹽分，並再次捏去多餘水分。

4. 將白蘿蔔皮、韭菜段、醃醬放入大碗中一起攪勻入味，再移到保鮮盒內保存。

Part2

一鍋煮！
善用鍋具
做家常料理

{ 平底鍋 / 鑄鐵鍋 }

剛開始買鍋具學做菜,或者是鍋具迷的你, 對於鍋具的使用與特性是否真正了解呢?為 讓好鍋具陪伴你更久、更輕鬆省力地做菜, 讓我們從挑選開始,進而學習如何更適切地 使用與滿足日常烹調。

2-1

◆

平底鍋

◆

平底鍋好拿取好使用、材質多樣化，是許多人
購鍋的第一選擇。如何選擇你的第一只平底
鍋？烹調與保養又怎麼做？以及如何用它做出
不同烹調法的中西式料理呢？讓料理老師告訴
你平底鍋的重點知識與美味料理製作。

了解平底鍋 – 使用與愛護

🥄 不同材質的平底鍋介紹

平底鍋是一種鍋型的統稱，與我們熟悉的圓底中式鍋的受熱面積不同，能接觸的爐火比較廣，但也比較分散。平底鍋的材質選擇上非常多種，常見的包含了不沾材質、不鏽鋼、鋁、鐵、琺瑯鑄鐵、碳鋼…等。

Ⓐ 不沾材質

常見的有鋁合金、鑄造鋁合金、覆底式不鏽鋼和鐵製碳鋼，4種不沾材質特性如下。

鋁合金

硬度沒有不鏽鋼那麼硬，此外，烹調時不易沾黏。

鑄造鋁合金

是鋁合金鍋的升級版，使用液態鋁合金再加入其他金屬，提高了原本的耐熱度，讓受熱更均勻並延長使用的壽命。

覆底式不鏽鋼

在不鏽鋼材質中加入鋁，讓導熱加快並提高耐用度。

鐵製碳鋼

含鐵比例高，只要塗層脫落就易生鏽。

不沾鍋最大的優點是「不用油」也能煎荷包蛋、蘿蔔糕、魚…等，堪稱手殘主婦的救星！不沾的材質是把氟素樹脂或陶瓷噴在鋁鍋或不鏽鋼鍋表面，氟素樹脂是一種聚四氟乙烯（俗稱鐵氟龍 teflon）或其他氟化合物的塑膠，加熱至 260℃以上會產生毒氣，所以不適合爆香、熱炒；而陶瓷不沾鍋的塗層則是混合多種物質組成的不沾材質。

B 不鏽鋼

不鏽鋼材質就是俗稱的「白鐵」，比傳統鐵鍋的重量稍輕，沒有添加其他化學成分製作，不易生鏽且好刷洗。

不鏽鋼鍋抗腐蝕性佳，不會與食物產生化學反應，堅固耐用易保養，不過因為導熱性差，烹調食物時，較易造成食物沾黏，所以極少直接用它製成鍋具使用，而會與鋁或銅…等導熱性佳的金屬組合在一起，以增進熱傳導。

用此方式製造的鍋具，不僅有著不鏽鋼的堅硬耐用，也不會與酸性食物產生化學反應，同時並具有鋁或銅導熱性佳且均勻的特質，建議鍋具選購耐酸鹼、抗腐蝕的304不鏽鋼（或稱18-8不鏽鋼）。

鋁

最常見的是帶柄的鋁製雪平鍋，其優點是重量極輕，單手就可以操作；傳熱極快，相對省能源。

但要注意的是，不當使用鋁鍋的話，會釋出鋁離子，研究指出鋁容易積於骨骼與中樞神經系統，影響鈣質吸收，累積過量恐提高阿茲海默症風險。但即使自己不用鋁鍋，還是可能吃到鋁，因為無法把關外食餐廳是否使用鋁鍋。

鐵與琺瑯鑄鐵

鐵鍋雖然重、又易在台灣潮濕的環境裡氧化生鏽，但是只要有養鍋、收納得宜，其實一只鍋的壽命可以很長！圓身平底的中式炒鍋在一般五金行、廚具行都相當普遍，能符合煎、煮、炒、炸，非常適合亞洲料理。

而鑄鐵材質的鍋具，是著名耐用和受熱均勻的安全鍋具，導熱特性強、續熱效果好，而且只要用中小火就易燜熟食材。此外，因為鐵的毛細孔小，在烹煮食材的過程中，其水分與營養不易流失，是很省能源又能讓食物變好吃的鍋具。

（E）碳鋼

碳鋼材質堅硬又沉穩厚實,擁有極佳的導熱特性。由於鍋身厚度均勻一致,加熱時,溫度能夠完整擴散到整個鍋體,傳熱快速、受熱均勻,只要用中小火,便能烹調出一鍋美味食物,非常節能。

碳鋼耐刮磨且不易變形,適用於瓦斯爐、電熱爐、電磁爐、鹵素爐、電陶爐(微波爐除外),還可直接置於烤箱內使用。

除了以上材質的平底鍋,還有一種是銅鍋。在歐美米其林星級餐廳的廚房裡,一定會見到廚師使用銅鍋,名廚們幾乎都選用造價不斐的銅鍋。

銅鍋好用的原因是,它加熱快、導熱均勻;第二是它最適合拿來煮跟「糖」相關的料理,例如:焦糖、果醬、糖漿、麥芽糖、融化奶油、煮醬汁…等。因為銅在加熱過程中會釋出一種酸性物質,使煮糖的過程中,讓糖不易結晶。另外也會拿銅鍋來打發蛋白,打發的蛋白不僅堅挺且不易消泡,也不會有顆粒產生。第三個好用原因則是因為它的造型與色澤很優雅,漂亮到直接料理完就能直接送上桌!

不過銅鍋材質並非磁性物質,所以電磁爐無法感應到,也避免使用於微波爐中。銅鍋適用於烤箱、瓦斯爐、電爐、鹵素爐和電陶爐。

✦ 如何選擇合用的平底鍋？✦

試拿以確認 手柄穩定度

不管是選購哪種材質的平底鍋都要試拿、握一下鍋具手把是否扎實或是否會鬆動，之後再評估鍋子重量是否適合自己。比方翻炒及洗鍋時會不會過於吃力，以及各處接合處是否平整、螺絲有沒有拴緊…等，手柄穩定度佳才能讓烹調順手和安全。

依家中人均數選鍋具尺寸

直徑20-24cm的尺寸適合1-2人使用，26-32cm適合3-4人，32cm以上則適合煮多人份量使用，可依家中人均數做選擇。

依烹調習慣決定購入鍋型

建議以飲食習慣來分，比方：中式料理多用熱炒、油炸，適合深炒鍋型。建議尺寸則為26cm，因為用來翻炒食材一盤的份量剛好、不易掉出來，想煎魚或肉排的時，鍋面直徑也夠用。

|26cm 大小的鍋是恰好尺寸|

如果是第一次買平底鍋，或是想買一把親切好相處的平底鍋，建議選擇26cm的不沾平底鍋。能幫助你建立做菜的信心，因為輕巧好洗、料理也不易失敗，只要注意不要刮傷鍋子表面就OK！

而西式料理則常使用平煎鍋、醬汁小鍋。建議尺寸則為20cm的輕巧類型，因為方便直接放進一般家用尺寸烤箱，又可用於煮醬汁或烘焙甜點。

✦ 使用鍋具時的注意—烹調前 ✦

│ 不沾鍋平底鍋 │

開鍋與注意

新鍋啟用前，先於鍋中注滿水，放在爐火上煮沸，熄火後倒掉鍋中熱水，再以廚房紙巾或乾布擦乾內鍋即完成。

用不沾鍋煮食時，需注意避免某些食材可能易使毒性產生，例如：醋、醬油、番茄醬…等會促進溶出，在義大利的實驗則是發現奶油、酒精、醋會促進溶出，烹調上一定要注意。

烹煮食物時，請用木匙、耐熱矽膠鏟…等，也避免炒蝦、貝類蛤蠣、螃蟹…等帶殼海鮮，以免刮傷塗層而傷鍋。食物烹熟後，起鍋另外加醬料調味是最好的使用方法，就能避免吃進全氟辛酸。

只要鍋面出現焦垢、刮痕或開始沾黏，就代表不沾塗層受損，即使是輕微刮痕也建議立即淘汰。

不鏽鋼平底鍋

開鍋與注意

因為不鏽鋼壁傳熱較慢,勿預熱過熱而導致食物燒焦甚至黏鍋。如果不鏽鋼鍋長期盛放醬油、菜湯,接觸含酸、鹼類物質…等,也會起化學反應,使得過多金屬離子會滲出到食物中。另外,切忌用不鏽鋼鍋煲中藥,因為中藥含有多種生物鹼、有機酸…等成分,加熱後會使藥物失效外,反而會生成毒性物。

鋁製平底鍋

開鍋與注意

因為導熱快,需留意一不小心易過熱而燒焦;此外,比較薄的雪平鍋稍一碰撞就變形。根據義大利的研究試驗指出,料理中的番茄、酒精、醋…等易溶出鋁,應避免用鋁製平底鍋煮食酸性食物。

此外,鋁鍋會釋出鋁離子,拿來煮泡麵非常不適宜。外宿學生們常用鋁製雪平鍋煮泡麵,因為鋁鍋售價便宜、傳熱效率極佳,但建議只用鋁鍋煮水,再將燒開的熱水倒進泡麵碗沖泡使用。

傳統鐵製平底鍋

開鍋與注意

不能燒煮酸性食材,以防止酸遇到鐵產生化學反應,產生化合物而引起中毒的危險。

鑄鐵平底鍋

開鍋與注意

第一次使用時，先用熱水沖過，以軟質海綿清洗後再擦乾全鍋，以小火慢慢加熱至鍋子完全乾燥後熄火，再於鍋內抹上薄薄一層食用油，用小火加熱10分鐘後離火靜置，放涼後用廚房紙巾擦乾淨即可使用。烹調完畢後，用熱水或中性清潔劑清洗，徹底擦乾或加熱烘乾，放在通風處收納保存。

碳鋼平底鍋

開鍋與注意

Step1 清洗

倒熱水於鍋中，以棕刷或海綿刷將鍋內外保護蠟油洗淨後擦乾。

Step2 加熱

以中火加熱至起油煙，待鍋內的顏色轉為暗藍色。

Step3 抹油烘乾

關火，倒一點油，用夾子夾廚房餐巾將鍋面擦拭完全，再轉小火烘乾。

重複數次以上的步驟，即「加油、擦拭、開火烘乾」即完成開鍋。

◆ 如何清洗與養鍋—烹調後 ◆

| 不鏽鋼平底鍋 |

日常清潔

正常使用下，烹調後讓油脂凝結，再用廚房紙巾擦拭即可。若有殘留油漬，等鍋身稍冷卻再洗滌。以軟質海綿加少量洗碗精去汙，不可使用硬質菜瓜布或鋼絲球刷鍋。若長時間煎魚或紅燒而造成鍋內變黃或焦黑時，請趁熱泡水清洗焦黑處。

| 鑄鐵平底鍋 |

日常清潔與保養

為避免鍋具生鏽，烹煮後要確實清潔鍋具，並待完全乾燥再收納。萬一鍋具還是生鏽了，用軟質菜瓜布去除生鏽的部分，然後重新養鍋一次即可。

| 碳鋼平底鍋 |

日常清潔與保養

每次使用後，都可重複一次開鍋方式養鍋做為保養。此外，定期將鹽倒入鍋中加熱約1分鐘，再倒掉鹽，就能清除之前食物殘留的味道。

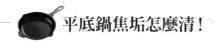

平底鍋焦垢怎麼清！

 1 輕微黏鍋

若使用不鏽鋼鍋、碳鋼鍋煎蛋、煎魚、煎牛排時，遇到少部分食材燒焦而黏鍋的情況，建議加水浸泡一個晚上，隔天用刷子清潔即可。

若是不沾鍋、琺瑯鑄鐵鍋，趁著鍋子還溫熱時，加入熱水浸泡，或是加水煮沸10分鐘左右，軟化之後用軟質海綿清潔就可以，不要硬刷。

 2

普通鐵鍋較易生銹，如果人體長期吸收過多的氧化鐵（鐵銹），就會對肝臟產生危害，所以盡量避免直接用鍋子裝盛食物過夜。

SECOND 平底鍋的聰明料理法

除了材質以外，平底鍋的鍋型、尺寸跟料理內容有密切關係。經常使用的鍋型有：全平煎鍋、淺平煎鍋、深平煎鍋、大小深炒鍋、大小醬汁鍋⋯等；另外又可分為單手把及雙耳手把的設計。

烹調原理與優點

以平煎鍋來說，鍋子受熱時比有弧度的鍋子來得平均，所以煎、炒食物不用一直翻動鍋子，只要將食物翻面，就不易出現某部分食物不熟、某部分食物又燒焦的情形。

推薦鍋型與料理對應
全平煎鍋

法式可麗餅、美式鬆餅、中式蛋餅、蔥抓餅、潤餅皮、蘿蔔糕、早餐太陽蛋、漢堡排、培根火腿盤、印度烤餅、鐵板燒、煎魚或煎牛排⋯等。

淺平煎鍋

西班牙海鮮飯、烤披薩、佛卡夏、玉子燒、壽喜燒、反烤蘋果派、法式鹹派、中西式烘蛋、泡菜海鮮煎餅、月亮蝦餅、大阪燒…等。

深平煎鍋

肉丸番茄羅勒義大利麵、蔬菜千層麵、照燒雞腿、家常蔥燒豆腐、乾煎鱈魚佐奶油醬、蜜汁味噌豬排丼、生薑燒松阪豬、普羅旺斯燉菜…等。

大小深炒鍋

古早味蛋炒飯、椰汁咖哩雞、爆米花、蔥爆牛肉、麻油雞燉飯、香菇油飯、金瓜炒米粉、星洲河粉、客家小炒、魚香豆腐、三杯雞…等。

大小醬汁鍋

燒烤嫩羔羊排佐香草醬汁、烤舒芙蕾、水牛城辣雞翅佐美式經典醬汁、法式煎鴨胸佐柳橙醬汁、日式雞柳南蠻漬、泰式椒麻雞…等。

如果只想入手1-2把平底鍋,「單柄15~20cm煎盤」是可考慮的第一選擇,除了能將一人份料理直接盛盤上桌外,也適合當成烘焙甜點的烤盤!其二是「雙耳20cm淺煎鍋」,因為各式燉飯皆要用淺而寬的鍋子來表現,而雙耳手把的鍋型能直接放烤箱燉烤。

Type1

要用平底鍋把食物烘透，分為幾個階段表現：

階段1 急脹膨發
料理內部的氣體受熱膨脹，體積隨之迅速增大。

階段2 成熟定型
由於蛋白質凝固和澱粉糊化，製品結構定型並趨近成熟。

階段3 表面上色
表面溫度變高而形成表皮，同時由於糖的焦糖化和梅鈉反應，使得表皮色澤逐漸加深，但製品內部可能還較濕，要保持溫度至熟成為止。

Type2

燉是一種加湯汁慢煮的烹調方法。一般是先爆香（中餐用蔥薑、西餐用洋蔥），然後加主料略炒，再加高湯（或水）與調味品，加蓋以小火慢煮至熟爛。

燉好的成品一般會有汁水，有時可當成湯食用，例如：印度的咖哩料理、泰式咖哩醬汁⋯等，起鍋前才放入易熟的海鮮或是肉片、蔬菜⋯等一起煮。

Type3

一般會在鍋中加入食用油，加熱至160-200℃左右的油溫，放入食材後急速翻炒至熟，而不帶什麼汁液的手法。其中又可分為清炒、爆炒、軟炒（慢火溫油）、溜炒（滑炒）、煸炒、乾炒…等。當熱油溫度高、材料細碎時，需要特別注意烹調時間別太長，以免很快過熟或是焦黑了！

Type4

煎是常見的烹調方法，倒少量食用油入平底鍋，加熱到150-200℃間，再放入食材、使其熟透。此時食材表面會產生「梅鈉反應」，讓食物顏色變得金黃微焦，散發出濃烈香氣並呈現誘人色澤。煎魚排時，若想判斷單面是否已煎熟、能翻面，可憑香氣及色澤來判斷。

Type5

以直接熱源將食物加熱的烹調方式。通常先用平底鍋把食材先烹調至第一階段完成，再放烤箱進行加熱，有時可以覆上錫箔紙避免表面過焦。這種烹飪方式大多用於肉類，透過這種方式，食物表面會產生褐變與梅鈉反應，散發迷人的食物香氣。

拿坡里式白酒燉魚

義大利傳統的蒸魚料理，是源自於拿坡里外海小島 PONZA 島的著名料理。當地漁夫利用盛產的番茄、白酒、黑橄欖、巴西利或百里香…等香料，料理捕獲新鮮白肉魚的做法。這道菜的特點是料理時間很短、沒有技巧卻很美味，是很典型的環地中海料理！

材料 （2 人份）

已去內臟的鮮魚 2 尾（或白肉魚排）

新鮮小番茄 5-6 顆

黑橄欖 8 粒

白酒 1/2 杯

橄欖油 2 湯匙

鹽與黑胡椒少許

月桂葉 1 片

百里香 2 小株

檸檬 2 片

作法

1. 在魚皮上輕劃幾刀，將整隻魚抹上鹽和胡椒調味，並將月桂葉和百里香塞入魚肚內增添香氣。

2. 在平底鍋中倒入橄欖油，以中火熱鍋後，放入魚，先煎至表皮上色再翻面。

3. 倒入對切的小番茄、黑橄欖、白酒煮至滾沸後，加蓋轉小火燜煮約10分鐘。

4. 開蓋後，淋上橄欖油，以中火煮2-3分鐘，稍微收汁後擺上百里香和檸檬片裝飾即完成。

Tips

白肉魚、白酒、百里香
會共同成就很美好的香
氣！也可以單純用這三
種材料清蒸，再以鹽、
黑胡椒調味，可以嚐到
另種風味的鮮甜！

西班牙海鮮飯

這道菜源於西班牙瓦倫西亞，在當地語言是「鍋」的意思（源於拉丁語的 Patella），在西班牙語 Paella 專指此種飯，而製作此飯的鍋則叫做 Paellera。基本材料為米、橄欖油和番紅花，配上各種海鮮或肉，使用食材很彈性、不必死背食譜。

材料 （2人份）

培根 3 片
煙燻香腸 2 條
洋蔥 1 顆
大蒜 3 瓣
白酒 1 杯
義大利米 1 杯
鬱金香粉少許

番紅花 1 小撮
高湯 1 罐
墨魚 1 隻（切圈）
蛤蜊 1 把
青豆仁 1 把
檸檬 1 顆
海鹽與黑胡椒適量

作法

1 將培根切塊、香腸切片、洋蔥與大蒜都切碎、墨魚切成圈狀，備用。加熱鍋子，先煎出培根油脂、再加入香腸炒香，並利用煎出的油脂炒洋蔥及蒜碎。

2 倒入白酒，待酒精揮發後，倒入義大利香米炒香至半透明，維持中火炒約3-5分鐘，再倒入鬱金香粉拌勻上色。

3 將番紅花溶於高湯裡，炒米過程中分次倒入高湯使其吸飽，重覆加入高湯拌炒約10分鐘（期間可試米芯軟硬，依自己喜歡的口感控制烹煮時間）。

4 蝦子、墨魚圈、蛤蜊…等海鮮類，以及青豆仁較易熟的食材，於炒米後段再加入。

5 最後以海鹽與黑胡椒調味，另將切成8片的檸檬角擺盤做裝飾即完成。

1.與義大利燉飯一樣，西班牙人吃的米飯常為夾生飯，這種口味很難讓習慣熟爛米飯的亞洲人接受。其料理秘訣是：準備足夠的高湯或水來炒米，不需拘泥於幾杯米兌上幾杯高湯。因為影響米芯熟度的因素很多，例如：熱源溫度與使用的鍋具材質會影響蒸發速度、不同米種以及所準備的食材的含水量與出水量也不同，還有家人習慣食用的熟度…等。

2.如果有時間，可另外先煎蝦子，製作焦香的蝦油蝦膏，再加進步驟2一起炒，香氣層次更甚！

泰式紅咖哩檸檬蝦

泰式咖哩由辣度區分，從不辣到最辣的依序為黃、紅、綠，不辣的黃咖哩會加入椰奶和魚露易表現出南洋風味的溫順濃郁，並帶著果香；微辣的紅咖哩則屬泰國當地的基本醬料，可再做變化，通常使用紅辣椒、香茅、檸檬葉和蝦膏⋯等調配；綠咖哩則加上辛香料，例如：胡椒⋯等食材再炒過，凸顯多層次風味，搭配香茅、檸檬葉和柑橘葉⋯等，是使其更香更辣的傳統風味手法。

材料 （2 人份）

紅咖哩醬 1 大匙

草蝦 8 隻

檸檬 1 顆

小番茄數顆

紅辣椒 2 根

椰漿 200ml

砂糖 1 小匙

魚露 1 小匙

九層塔 1 枝

作法

1 取一平底鍋，倒入咖哩醬炒香炒散，再分次倒入椰漿，邊煮邊拌勻。

2 放入草蝦，煮至咖哩醬稍微收乾。

3 擠入檸檬汁，加進切半的小番茄、切長條的辣椒，倒入魚露和砂糖一同拌勻，待其滾沸約5分鐘。

4 最後盛盤，再擺上九層塔葉即完成。

Tips

1.先用剪刀將蝦頭至蝦
  身之間的殼稍微剪開，
  這樣蝦子能快速入味。

2.若沒有九層塔，也可
  用薄荷、檸檬葉、香茅
  代替。

醬燒大蝦

這道料理是很受歡迎的中華料理之一，酸甜微辣的滋味常常讓人不小心多添一碗飯。製作很簡單，只要掌控好醬料主軸就可以，在餐廳的作法則類似乾燒明蝦，香辣夠味且成品很漂亮，但在家只需幾步驟就可端出大菜！

材料 （2人份）

鮮蝦 8 尾

太白粉 1 大匙

米酒 1 小匙

蔥 1/2 根

大蒜 2 瓣

生薑 1 片

辣豆瓣醬 1 大匙

沙拉油 2 大匙

醬汁

番茄醬 4 大匙

醬油 1 小匙

砂糖 1 小匙

開水 100ml

作法

1. 將蝦子洗淨並去殼去腸泥，備用。取一小碗，用太白粉加米酒調和，先抓醃蝦子，放冰箱20分鐘後取出；醬汁材料另外拌勻，備用。

2. 在平底鍋中倒油，以小火加熱，放入蝦煎炒至兩面變色，取出備用。

3. 原鍋再倒油，加入切碎的蒜、薑、蔥，倒入辣豆瓣醬，以小火煮沸。

4. 倒入作法1的醬汁調開，將煎好的蝦放回鍋中，以中火煮沸至收汁即完成。

Tips

1.在餐廳通常是將蝦過油，但在家料理只要用油煎熟就好。

2.蝦也可替換成炸魚塊、排骨、雞塊…等，再搭配醬料拌炒，也很美味。

西班牙蒜味蝦

到西班牙 Tapas 必點的菜，是以橄欖油為醬汁基底，用了煸香過的蝦頭、蒜和辣椒調味，食用前拌上羅勒碎或香菜碎，帶有蒜辣香味的蝦醬汁很美味，用來沾取長棍麵包十分合拍！

材料 （2人份）

鮮蝦 8 尾

大蒜 2 顆

紅辣椒 1 根

橄欖油 1 大匙

黑橄欖 8 顆

黑胡椒少許

鹽 1 小匙

香菜（或九層塔）適量

作法

1　將已去殼去腸泥的蝦充分擦乾，蝦殼留下。大蒜與香菜切碎、紅辣椒切小段去籽，備用。

2　在平底鍋中倒入橄欖油，以小火加熱，放入蝦頭爆香，待油顏色轉為帶點紅色並有香氣後，取出蝦頭。

3　在原鍋中，加入蒜碎，紅辣椒段炒一下，放入蝦肉、黑橄欖一起炒香，然後加蓋燜一下。

4　開蓋看一下蝦的顏色，蝦肉變紅後即關火，撒上香菜碎，以黑胡椒和鹽調味即完成。

Tips

基本款是用橄欖油和大
蒜調味，也可加乾辣椒
或加紅椒粉，若不加的
話，蝦味則比較突出，
可自行選擇。

海鮮醬炒醃筍雞柳

海鮮醬雖以海鮮為名，卻無海鮮成分，其實海鮮醬是粵菜常用的一種醬料，跟甜麵醬一樣都是以麵粉、黃豆釀製，並加了蒜、辣椒…等香料。在香港，海鮮醬常用作一般街頭小吃、烤乳豬或燒鴨烹調用。

材料（2人份）

雞柳 1 份（200g）

大蒜 2 瓣

薑碎 2 匙

醬油 2 小匙

米酒 1 小匙

青蔥 1 根

紅蘿蔔 1/2 根

豌豆 1 份

醃竹筍 1 份（200g）

紅辣椒 1 根

海鮮醬 2 小匙

白芝麻 1 小匙

作法

1. 大蒜去皮切碎、青蔥切段、紅蘿蔔去皮切片、紅辣椒切絲，備用。

2. 將蒜碎放入碗中，與雞柳、薑碎、米酒、醬油一起抓醃。

3. 在平底鍋中倒入油，先爆香蔥段，放入步驟2的雞柳快炒，呈現金黃色後盛起。

4. 放入紅蘿蔔片、豌豆、醃竹筍炒約2分鐘，加回雞柳拌炒一下。

5. 倒入海鮮醬拌炒均勻後，關火撒上紅辣椒絲與白芝麻即完成。

除了雞柳，海鮮醬還可以燴大蝦、炒燒肉、佐烤雞翅、炒牛肉、炒三鮮、燉蒜香豆腐…等，非常多變，是煮婦們的調味幫手！

〈Part 2〉 一鍋煮！善用鍋具做家常料理

無油蒸蛤蜊鮮蝦

嘗試用平底鍋做無油煙料理吧！做菜不需像打仗，弄得整間廚房都是油煙味、蓬頭垢面的，無油煙料理法無須放油或只要一點油，翻翻鍋鏟就能做出健康料理來。

材料 （2人份）

蛤蜊 10 顆
鮮蝦 8 尾
花椰菜 1/4 顆

高湯 1 杯
米酒（或白酒、清酒）1/2 杯
鹽少許
辣椒 1 小根

作法

1. 將蛤蜊洗淨吐沙、蝦子剪鬚去腸泥， 花椰菜洗淨並切成小朵，備用。

2. 將蛤蜊、蝦放入平底鍋中，倒入高湯、米酒，以中火煮沸。

3. 蓋上鍋蓋前加入花椰菜、切碎的辣椒末，燜蒸2分鐘，開蓋後撒上少許鹽調味即完成。

Tips

1.花椰菜可更換其他當
季蔬菜搭配。

2.建議鮮蝦帶殼直接
蒸，肉比較不容易縮。

牛肉醬鑲烤起司番茄盅

義大利鑲烤番茄盅跟法國的紅酒燉牛肉一樣經典，既可以是媽媽口味又能做成正式宴會菜。雖然正統的燉牛肉醬製作講究又費料費時，但我們可以偷吃步，改用現成的肉醬罐或紅醬來幫忙，直接拼裝就完成！

材料（2人份）

牛番茄 4-5 顆
牛肉醬罐頭 1 罐
洋蔥 1/2 顆
大蒜 2 瓣
鹽 1 小匙

黑胡椒 適量
麵包粉 適量
橄欖油 2 湯匙
焗烤用起司條 適量
巴西里切碎 適量

作法

1. 將番茄橫切去頭，用湯匙先挖空果肉；大蒜、洋蔥切碎，備用。將烤箱預熱至180℃。
2. 在平底鍋中倒入油加熱，放入洋蔥碎、蒜碎炒香後，倒入牛肉醬，稍微拌炒後取出放涼。
3. 將炒好的餡料填入已挖空的番茄內，表面撒上麵包粉、淋上些許橄欖油。
4. 備另一平底鍋，在鍋中先刷上薄薄一層油，將番茄盅擺入鍋中，撒上起司條。
5. 整鍋進烤箱烤約20分鐘取出，撒上巴西里碎即完成。

1.建議用硬一點的牛番茄，以免太軟爛而容易變形或是出汁。

2.挖出來的番茄肉去汁後切丁，可加入牛肉醬裡一起炒，增加滑潤口感。

〈Part 2〉一鍋煮！善用鍋具做家常料理

菠菜起司歐姆雷特

這道西式煎蛋捲有個小故事：以前西班牙國王下鄉巡視，到了吃飯時間，他叫人張羅吃的，有個農夫手腳俐落地做了包有蔬菜的煎蛋捲，國王吃了之後稱讚農夫：Omelette！先不論這個故事的真實性，但煎這道蛋捲時的訣竅的確要快速俐落唷！

材料 （2 人份）

馬鈴薯 1/2 顆

洋蔥 1/4 顆

煙燻火腿 1 片

菠菜 1 小束

雞蛋 4 顆

鮮奶油（或鮮奶）1/2 杯

起司 1/2 杯

黑胡椒與鹽適量

作法

1. 將馬鈴薯洗淨去皮、洋蔥切碎、火腿切小片、菠菜切小段，備用。

2. 備一滾水鍋，放入馬鈴薯煮熟，取出後放涼並切片。

3. 在平底鍋中倒入油，以中火加熱，放入洋蔥碎和火腿丁先炒香。

4. 將煮熟的馬鈴薯片、菠菜放入鍋中拌炒一下，以黑胡椒、鹽調味。

5. 打蛋入碗，用打蛋器將蛋打勻至看不到蛋白，與鮮奶油、起司拌勻，倒入鍋中並不時晃動鍋子。

6. 以小火煎約4-5分鐘，用鏟杓將蛋皮翻面看看。

7. 成功翻面後，以小火加熱約2-3分鐘，待蛋皮呈現稍微焦黃即完成。

Tips

1. 晃動鍋子時，用鍋鏟
一邊攪劃，把鍋子裡的
蛋拌到底部出現柔嫩的
蛋皮。

2. 建議用打蛋器打蛋，
打至表面看不到任何明
顯蛋白，如此口感才會
滑順。

摩洛哥式烘蛋

摩洛哥塔吉鍋 Tajine 的設計就是無水料理法，但其實用一般平底鍋也可以做出塔吉鍋料理的效果。原本塔吉鍋的圓錐形鍋蓋會讓熱蒸氣水分回流至鍋內，以保留食物水分，所以不用另外加水，這道烘蛋也是類似的作法。

材料（2 人份）

牛絞肉 100g

肉荳蔻粉 1 小匙

孜然 1 小匙

大蒜 1 瓣

洋蔥 1/4 顆

牛番茄 1/2 顆

雞蛋 3 顆

紅辣椒粉 適量

香菜 1 小把

小茴香籽粉 1/2 匙

鹽 1 小匙

黑胡椒 適量

作法

1. 將大蒜與洋蔥切碎、牛番茄切丁；牛絞肉放入碗中，以肉荳蔻粉、孜然抓醃，備用。

2. 打蛋入碗，把蛋打進碗裡，加入小茴香籽粉、鹽、黑胡椒拌勻。

3. 在平底鍋中倒入油，放入洋蔥碎、蒜碎炒香，再加入番茄丁，最後加入牛絞肉快炒。

4. 倒入作法2的蛋液，加蓋轉小火，約2分鐘後開蓋散蒸氣，撒上切碎的香菜、紅辣椒粉即完成。

香草酥煎帕瑪森魚排

這是一道複合式的料理組合：帕瑪森起司燉飯襯上酥煎多力魚排，或是佐上田園沙拉與炸薯條，也有人直接夾入漢堡中享用，吃法很多樣！

材料（2人份）

多力魚排（或鯛魚排）2 片
麵包粉 1 杯
帕瑪森起司粉適量
黃檸檬皮屑 適量

融化奶油 1 大匙
平葉巴西利（或香菜）少許
大蒜 2 瓣
鹽和黑胡椒適量

作法

1 先將烤箱預熱至180℃；平葉巴西利、大蒜切碎，備用。

2 取一個碗，倒入麵包粉、帕瑪森起司粉、黃檸檬皮屑、融化奶油、平葉巴西利碎和大蒜碎拌勻，以鹽和黑胡椒調味成香料起司粉。

3 在平底鍋中倒入油，加熱後放入魚排煎至焦黃後翻面，將作法2的香料起司粉平鋪於魚排上。

4 整鍋進烤箱烤10分鐘，烤至魚排表面金黃酥脆後取出。

Tips

1.記得要充分擦乾魚肉表面的水分再下鍋煎製，以免油爆。

2.除了魚排，用去骨雞腿排替代也可以。

奇異果優格鄉村派

這份食譜設計是利用比較熟透的奇異果做甜點，如果家裡有過熟或不吃的水果都可以拿來當餡料拌入麵糊裡烤，做成派餅或蛋糕，會讓果香及甜度都更濃郁唷！據研究發現，一天食用 2 顆奇異果，幾乎可滿足人體 1 天所需 1/3 的營養素，達到營養補給的作用呢。

材料 （2 人份）

較熟的奇異果 2 顆
雞蛋 2 顆
低筋麵粉 1 杯
砂糖 1 杯
奶油 30g

牛奶 1 杯
優格 1/2 杯
糖粉 1/2 杯
液化奶油 1/2 杯

作法

1 取一平底煎鍋，倒入奶油加熱，倒入去皮切片的奇異果、砂糖1/2杯炒至變黃，盛起備用。另將烤箱預熱至200℃。

2 打蛋入碗，倒入砂糖1/2杯打至綿密，加入牛奶、優格，再加入過篩的低筋麵粉拌勻。

3 將作法2的麵糊倒入抹了液化奶油的煎盤，再擺上炒過的奇異果片。

4 進烤箱烤約15-20分鐘，待整體呈現金黃色、有焦香氣即可取出，最後撒上糖粉。

1. 用熟一點的奇異果來煮，像煮果醬那樣先稍微煮一下、使其變軟。

2. 除了吃原味，淋上巧克力醬或蜂蜜一起享用也很棒。

{Part 2} 一鍋煮！善用鍋具做家常料理

THIRD

更多了解！
平底鍋料理 Q&A

Q₁ 不鏽鋼平底鍋完全不會生鏽？

A 無論哪一種不鏽鋼，都只是具有防鏽能力、較不容易生鏽的鋼，但其主要的成分還是「鐵」，因此並非完全不會生鏽。如果存放在高鹽分、高腐蝕性或有藏汙納垢的環境中，不鏽鋼一樣會生鏽的喔。

Q₂ 不鏽鋼鍋烹煮後，產生五彩斑紋是正常的嗎？

A 使用不鏽鋼鍋烹煮富含澱粉或酸性的物質後，易在鍋內產生彩色斑紋，此屬正常現象，不會影響鍋具品質。如果想去除，可在鍋中加水（約蓋過整個鍋底的高度）與1湯匙食用白醋，煮沸約5分鐘後倒掉，然後再次洗淨鍋子。

Q₃ 不鏽鋼平底鍋已有刮痕，沒關係嗎？燒焦過的鍋子還能用嗎？

A 如果不鏽鋼平底鍋只是輕微刮痕、不會積垢，可繼續使用。而鍋底焦物可加水煮沸軟化，並用小蘇打粉輕刷，但若燒焦太大片並無法去除的話，鍋子就不要使用了。

Q₄ 炒菜要用炒菜鍋好，還是平底鍋好呢？

A 深炒鍋用來炒菜，平底鍋用來煎食材，建議不同料理方式要使用不同工具喔。

Q5 廚房新手適合哪種材質的平底鍋？

A 建議新手從料理失敗率較低的不沾鍋開始用，選擇有保障的品牌，烹調時用木筷、木鏟或耐熱矽膠鏟，火力控制在中小火、切勿空燒鍋子。注意以上幾個重點，就能輕鬆完成炒菜、煎肉或魚…等家常料理。用後確實清洗與保養，才能延長塗層的使用壽命。

Q6 碳鋼平底鍋刷洗後出現白白的反光怎麼辦？

A 應該是刷太用力、洗太乾淨了，只要塗點油並小心不要生鏽，繼續正常使用幾次，顏色就會慢慢補回來。

Q7 碳鋼鍋烹調後，趁熱加水入鍋洗可以嗎？

A 碳鋼鍋沒有塗層，即使熱脹冷縮也不會有塗層剝落的問題，所以不用等鍋冷、可以直接洗。

Q8 每次用完鍋子，要抹油保養嗎？上油的話，在鍋面還是鍋底也要？

A 塗油只是怕鍋面生鏽，若是天天下廚、經常使用者，其實保持乾燥、放通風處收納就可以；鍋底不用上油，因為遇火會冒煙變黑喔。

2-2

鑄鐵鍋

鑄鐵鍋是近年來深受煮婦們喜愛的鍋具類型，鍋身厚實且對冷或熱的耐受度高、保溫效果佳，而且密閉性佳、利於均溫，能藉由水氣讓食物變熟，讓風味完整保留、使食材更易熟成。在大陸性氣候的歐美國家，家家戶戶至少都有一個或數個大型的鑄鐵燉鍋，能節省能源和縮短作菜時間。

了解鑄鐵鍋 － 使用與愛護

不同材質的鑄鐵鍋介紹

在說明鑄鐵鍋特性之前，先從鐵鍋說起，因為它涵蓋了鑄鐵鍋和其他鐵製鍋具。一般人說的「鐵鍋」其實是一種概略說法，可簡單分為兩類型：熟鐵／鍛鐵（Wrought iron）與.生鐵／鑄鐵（Cast iron），以下接著說明它們的箇別特徵與特性。

Ⓐ 熟鐵／鍛鐵（Wrought iron）

「熟鐵」是含碳量極低的鐵碳合金。質地軟、韌性極好，可以反覆鎚打成型，多是鐵板經由沖床加工製成，所以它的表面光滑、鍋身輕薄，又可以做得極薄，所以市售的一些廉價鍋多是熟鐵鍋。最簡單的判別方式是：看鍋子的雙耳，如果是用鉚釘鎖上去的，大多是熟鐵鍋。

這類鍋具加熱快，但相對溫度也冷得快，是它的缺點。例如鍋子預熱夠熱了，但食材一放進鍋內就會被降溫，得重新提高溫度、轉較大的火再繼續。但熟鐵鍋也有優點，如下：

 使用熟鐵製成鍋具成品的雜質少，因此傳熱比較均勻，不容易出現黏鍋現象。

表面光滑，重量較輕、好拿好清潔。

使用壽命長。

B 生鐵／鑄鐵（Cast iron）

以材質來看，含碳量較高（高於2.11%～3.5%）的鐵統稱「鑄鐵」、「生鐵」，另外經過除碳與去除雜質的過程後，碳低於0.0218%的是工業純鐵，又稱為「熟鐵」或「鐵合金碳鋼」。

簡單來說，生鐵鑄鐵鍋就是將鐵礦熔化，再直接將鐵液做成鍋具，例如：常被運用在露營野炊上的「荷蘭鍋」，不論是埋在土裡保溫或壓上石頭烤食材都可以，非常耐操，外型原始粗獷、man味十足！而生鐵鍋的特性是鍋環厚、紋路粗糙，像是阿嬤年代使用的傳統生鐵鍋，及一般快炒店炒大鍋菜也會用生鐵鍋，炒出來的菜特別香脆好吃。

南部鐵器

「南部鐵器」其實並不是品牌名，而是地域的統稱，泛指日本岩手縣南部鐵器協同組合聯合會的加盟供應商製作的鐵器。1975年（昭和50年）被通商產業大臣指定為傳統性工藝品。

南部鐵器的生鐵鑄鐵鍋的最大特點是，它以釜燒（800-1000℃）手工鑄造而成。釜燒時，鐵的表面會形成氧化鐵，稱為氧化皮膜，氧化皮膜可使鐵器不直接觸水，可以抑制生鏽。

手工打造的南部鐵器有著不規則紋理及氣泡紋，其不規則的表面讓你在烹調食物時，只需用少許油。而且因為是100%純鐵打造，不必擔心會有其他鋁、銅…等重金屬攝取過量的問題。

琺瑯鑄鐵鍋

同樣以生鐵鑄鐵鍋的鑄造方式製成，但在鍋子
表面包覆了一層琺瑯做保護。琺瑯是一種玻璃
矽石礦物釉料，它不會被滲透、能高抗酸鹼又
耐磨，無論經過多少歲月時間也不褪色，更不
會變形。

使用琺瑯鑄鐵鍋時，不需特別用油養鍋做保
養，只要避免碰撞及燙傷，就可輕鬆做料理又
好清洗！唯要注意的是，琺瑯是一體成型的，
若鍋面或鍋身琺瑯剝落的話，無法局部修補。

❖ 使用鍋具時的注意—烹調前 ❖

每只鑄鐵鍋都是獨一無二

半手工製造的鑄鐵鍋，不論是生鐵或手工上釉，每只鍋子表面多少會有不均（較薄或較厚）、鍋上有氣孔、凸點⋯等些微差距。但以上並不影響鍋具本身的品質及使用，也並非瑕疵或次級品。只要不是片狀的剝落傷口都屬正常；如果很介意的話，建議去品牌專門店親自挑選現貨較佳。

依烹調習慣決定購入鍋型

想購買鑄鐵鍋，第一只應該買哪種？其實應該依日常烹調習慣決定鍋型。比方常煎蛋、煎魚、烤肉⋯等，就適合小煎鍋或煎盤。如果常做快炒、油炸，或是滷肉、燉肉、煮湯燉粥，甚至是煮火鍋的話，深燉鍋會是購買方向。

20cm大小的鍋是恰好尺寸

第一次買鑄鐵鍋的人常猶豫要買多大size、幾只鍋才夠用，20cm鍋子+20cm煎盤是我一直大力推薦的！不論是單身族、小夫妻甚至是4口之家，一鍋即是一道菜上桌的概念，是進可攻、退可守的恰好容量，而且拿取或清洗也不會太重，而且較不占空間。

不會養鍋，可考慮琺瑯鑄鐵鍋

不需要養鍋的琺瑯鑄鐵鍋是料理新手的首選！不需擔心不會開鍋、馴鍋、不懂火候、忘記養鍋、生鏽發霉後被堆置陽台再也不使用⋯等各種狀況，而且琺瑯鑄鐵鍋洗淨就可用了，每次用完只要確實晾乾即可！

| 生鐵鍋 |

生鐵鍋出廠前為了避免生鏽，會先上一層防鏽保護，礙於有些廠牌用的防鏽塗料不確定是否為食用級，因此先加熱幾分鐘，直到冒煙完為止。

開鍋

Step1 加熱

以小火先乾燒約10分鐘至飄出白煙，等煙漸漸變小，即關火15分鐘降溫。

Step2 清洗

以菜瓜布、馬毛刷、豬鬃刷…等刷具，輕輕刷洗鍋具表面。

Step3 滾沸

倒入清水煮至沸騰，煮5分鐘後倒掉水，降溫後再刷洗一次並烘乾。

Step4 試炒

起油鍋，炒個菜至熟後盛出。等鍋身降溫後，再以清水、菜瓜布或軟毛刷洗淨。

Step5 抹油

以中火烘乾，待鍋降溫後再以油刷或廚房紙巾均勻塗抹一層植物油，即開鍋完成。

南部鐵器鑄鐵鍋

開鍋

Step1 清洗

用溫熱水徹底清洗鍋具內外。

Step2 加熱

以不掉屑的廚房紙巾先擦去水分，再以中小火加熱2-3分鐘乾燒，讓水分完全蒸散。

Step3 抹油

鍋乾之後熄火，等鍋具確實乾燥後，倒入少許食用油，以刷子將鍋內均勻抹上油即完成。

琺瑯鑄鐵鍋免開鍋

琺瑯鑄鐵鍋不需開鍋，因為表面已有一層礦物釉料琺瑯，能保護內部鑄鐵層，只要清洗乾淨即可使用。但烹調時有三件事需注意：

Point1 冷鍋冷油

先倒油再開火，以小火加熱，再慢慢提高溫度。

Point2 隔熱防燙

鍋身在吸飽溫度烹煮時，手把溫度會相對變高，記得每次都要用隔熱墊和手套或厚抹布拿取，避免燙傷。

Point3 用耐熱矽膠工具烹調

木鏟、耐熱矽膠鏟杓、耐熱矽膠油刷、隔熱手套及隔熱墊是整個烹調過程必備的小廚具。尤其耐熱矽膠工具類是依該種鍋具使用安全溫度而設計的，建議參照原廠配件選購較安心。

Point4 以熱水洗淨

用熱水沖洗乾淨即可，不太需要用清潔劑，洗淨後讓鍋子確實通風乾燥。

✦ 如何清洗與養鍋—烹調後 ✦

| 生鐵鍋 |

日常清潔

生鐵鍋有毛細孔，可吸收多餘油脂以達到不沾的效果，但同樣的，化學洗劑也會被吸入，所以應盡量避免使用。如果真的想刷洗，請選用天然清潔用品，待鍋子降溫後，再使用小蘇打粉（或無患子粉、苦茶粉、黃豆粉…等）洗淨鍋面油脂。

基礎保養

好的植物油富含多元不飽和脂肪酸，當金屬遇熱或接觸空氣時，會在鍋面形成緊密堅硬的保護表層，簡稱「氧化膜」，可延長鍋具的使用壽命。

建議清潔鍋子後，以中火空燒約30秒，再趁熱加入微量植物油，並以廚房紙巾擦乾鍋子內外。最好使用植物性油脂養鍋，因為動物性油脂容易出現油耗味。

 鑄鐵鍋小知識！

1. 鐵鍋會生鏽主要是因為水與空氣的作用，所以只要杜絕這兩者聚合在一起發生作用就可以了。

2. 普通鐵鍋較易生鏽，若人體長期吸收過多的氧化鐵（鐵鏽），易對肝臟產生危害，所以盡量避免直接以鍋具裝盛食物放隔夜才食用。

3. 所有材質的鍋具通通避免「長時間空燒」是基本的觀念，因為這樣不但會因為過度加熱而變形、產生看不見的毒氣，更容易空燒成災！

| 南部鐵器 |

Step1 用溫熱水洗

用溫熱水先將整只鍋子沖洗1-2回，再用不傷鍋子的專用鍋刷，將鍋內油汙慢慢刷掉，然後再沖洗乾淨。

Step2 用廚房紙巾擦拭

用不掉屑的廚房紙巾擦拭，若還有深色油汙，可重複步驟1再洗淨一次。

Step3 塗油後風乾

將鍋子擦乾或烤乾，等確實乾燥後，可在鍋內塗一層食用油，收納於乾燥通風處。

| 琺瑯鑄鐵鍋 |

日常清潔&保養

① 烹煮後，用熱水與軟質海綿清洗，特別建議別使用過多清潔劑清洗。

② 避免將熱鍋放入冷水中，劇烈溫差易使鑄鐵鍋變形或產生裂痕。

③ 若想清洗沾黏嚴重的食物沾黏，可在鍋內倒一些清水，燒開後持續幾分鐘，使殘留物軟化後就容易清除。

④ 收納前，使用原廠附贈的鍋夾墊片或放廚房紙巾、厚紙板在鍋子與鍋蓋之間做隔層，使空氣流通、以免鍋內佈滿水氣，就可使鍋子不易生鏽。

⑤ 若鑄鐵鍋出現金屬鏽味或鏽斑，可使用粗菜瓜布或鋼絲球，將生鏽的部分先清除，再刷上一層薄薄的油隔絕空氣。

鑄鐵鍋的聰明料理法

烹調原理與優點

最大特點就是鍋身傳熱穩定,一旦達到預定溫度後就不易降溫,十足的節能省碳!密閉的鍋身就像是天然的壓力鍋,最能鎖住食物的原汁原味,紮實的厚度也很適合關火持續燜燒,表面細微的毛細孔在長期使用後還會吸收油脂,提供最自然的不沾鍋功能!

料理對應

除了料理,很推薦用鑄鐵鍋煮白米飯,因為又快又香甜!在歐洲,用來炒各式燉飯很常見,例如:西班牙海鮮飯、義式燉飯。而燉鍋的好用功能亦能滿足中西煮婦,例如:法國媽媽的紅酒燉牛肉、台灣媽媽的一鍋爌肉…等。而玩烘焙時又變身烤模,烤完蛋糕後只要倒扣裝飾即可,在家也做免揉麵包佐餐…等。

而且,某些鑄鐵鍋直接端上桌也很美麗、也省了清洗盛裝器皿的麻煩,而且煮婦光看著鍋具就心情好,也會更想煮飯,也算是一大優點吧!

推薦鍋型

鑄鐵鍋常被當成露營用具來用,因為它的烹調法很多元,而日常的料理中不論是煎烤、快炒、油炸、燜燒、蒸炊和燉煮…等烹飪方式,都有可對應的鍋型能勝任,加上絕佳的耐操耐用度,在歐美家庭裡幾乎是當作傳家寶、家家戶戶都有鍋。

如果烹調經驗已有一陣子的人,也希望嘗試更多料理變化的話,可以考慮「牛排橫紋煎鍋」和「雙耳淺底鍋」。

Ⓐ 牛排橫紋煎鍋

這種煎鍋讓新手也能煎出有如五星級牛排的井字紋路，讓人一看就想吃它！橫紋鍋的好處是，皮肉上面的多餘油脂會滴下去，同時表皮香酥脆，特別是帶皮雞腿排的表現，在高溫炙烤下，瞬間鎖住肉汁又有酥脆焦香的外皮！而且烹調完，只要倒水入鍋加熱浸泡著，等降溫後再輕輕刷洗就OK！

Ⓑ 雙耳淺底鍋

淺而寬的鍋身加上特別厚重、密閉性佳的鍋蓋，是雙耳淺底鍋的特色之一；而且雙耳方便手拿直接送進烤箱，是全世界經典菜最常選用的鍋型，也適用各種菜式。

西式風味

義大利當地的烤pizza會在鍋內製作餅皮，鋪上食材後，直接放烤箱或是用鍋子來炒義式燉飯；在法國則當烤盤做香草烤雞、烤甜點克拉芙緹或奶油燉飯；而在西班牙最經典的就屬海鮮燉飯、西班牙烘蛋了。

東洋風味

在日本有傳統的「鋤燒」、壽喜燒或是廣島牡蠣鍋；在韓國會用來煎一鍋海鮮煎餅或辣炒年糕…等。

而日常料理時，也能拿來做蒸蛋、茶碗蒸、麻油雞燉飯、漁夫義大利麵、酒蒸蛤蜊、焗烤馬鈴薯、粉蒸排骨、瑞典肉丸、無水蒸鮮魚鮮蔬、烤佛卡夏、烤布丁麵包、蘋果奶酥派…烹調類型非常多樣化。

Type1

 煎

只要鑄鐵煎鍋預熱溫度足夠，在煎製多油脂的食材時，是不需要另外加油的（例如：雞皮）。鑄鐵鍋能將食材的多餘油脂逼出，再利用煎出來的油脂炒蔬菜，不但健康省油又焦香氣十足。

如果是烹調帶骨肉排類，例如：羔羊排、丁骨牛排或帶骨雞腿排…等，建議先在爐火上煎炙兩面，逼油後再直接放烤箱中完成料理，是可以一鍋料理到底的利器。

Type2

 蒸

用鑄鐵鍋可以做很多無水蒸的料理，其時間分配的口訣是：「中大火、小火、熄火燜」。利用鍋具能密閉鎖水的特點，在短時間內讓鍋內循環的熱蒸氣蒸熟食材。烹調時，一開始先以中大火，逼出墊底蔬菜、蔥薑流出水分，再利用這些水分造成的熱蒸氣自體循環而熟成。

至於哪種鑄鐵鍋型最適合作無水蒸料理呢？建議用淺底鍋。理論上，雖然鑄鐵鍋都具有鎖水特性、但由於無水蒸法是運用非常少量的水並利用食材本身的水分而產生的熱蒸氣做烹調，因此相對地熱蒸氣會散布在較大的空間裡。為免熱蒸氣的循環力道不夠，所以扁扁矮矮的淺底鍋是最適合用來做無水蒸的鍋型。

Type3

不少人對於油炸時的油溫很疑惑，到底溫度
到了沒？如果沒有食物溫度計的話，可以照
著以下做，以木質長筷插進鍋中的冒泡程度
判定。

1. 開中火大約10秒鐘後，油開始起微泡
   時，溫度逐漸接近沸點。
2. 用木質筷子插進鍋裡就立刻冒起均勻微
   泡泡，即為適合的油炸溫度。

油炸時的注意：

❶ 從鍋邊緩緩滑入食材較安全，並注意雙手及使
   用工具是乾的，才不會油爆。

❷ 食材下鍋後不要翻動，等待10秒後，炸粉會比
   較固定，再慢慢移動。

❸ 不要一下子放太多食材入鍋炸，以免突然降低
   油溫而影響食材熟成度。

❹ 進行二次油炸時，爐火要提高溫度，待外皮金
   黃酥脆後就可撈起瀝油。

Type4

鐵鍋雖然很受現今年輕主婦們的喜愛,但其實
鐵鍋早在阿嬤時代就是萬用幫手,它就是爐灶
上的大炒鍋!在大中華料理中,以熱油熱鍋快
炒的歷史很悠久,像是星洲炒米粉、避風塘炒
蟹、廣州炒麵、韓式海鮮炒馬麵、宮保雞丁、
客家小炒、蔥爆牛肉、三杯雞。

其中,特別推薦用鐵鍋做蛋炒飯,因為米粒會
彈跳且粒粒分明、蛋色艷黃、青蔥翠綠、香氣
逼人!用鑄鐵鍋與不沾鍋最大的不同點在於鍋
氣,用不沾鍋可輕鬆做出不沾黏的炒飯,但少
了某種深層的焦香氣。對於鍋氣,有人曾做過
非常到位的引述:「食材和鍋體在高溫爆炒沾
黏的瞬間,食材附著在鍋體上引發的焦香。要
想獲得足夠的鍋氣,在鍋體溫度足夠的同時,
不能無意識地高頻翻動,特別是最後接近起鍋
的階段」。因此,足夠的鍋氣絕對是讓炒飯變
好吃的重要關鍵!

Type5

取一深燉鍋 → 倒入食用油 → 開中火預熱 → 煎肉逼油脂 →
取出再爆香 → 續炒蔬菜類 → 肉類再放回 → 加入調料類 →
加高湯或水 → 滾沸後上蓋 → 轉小火悶燉 → 關火續熟成

如果料理中需加入紅酒或白酒時,記得讓酒
精充分揮發完再加蓋燜燉,否則可能會帶進
過多的酸味、苦味而影響成品。此外,若使
用新鮮香草類,可先用棉線將香草束起,燉
品完成後較方便取出。

Type6

任何鍋型的鑄鐵鍋都很適合直接送進烤箱做料理，以下推薦三種：

單柄煎盤

做鐵鍋鬆餅、法國傳統克拉芙緹、美國派、早餐煎餅…等都可以，若考量到一般家用烤箱尺寸，建議選用20cm左右的尺寸。

雙耳烤盤

可以做反烤蘋果派、英式牧羊人派、Pizza、佛卡夏、烤魚、番茄牛肉盅、希臘傳統鑲飯、烤雞底盤…等，雙耳烤盤的尺寸比較不受限，一般家庭使用到30cm都很OK！

造型深鍋

造型深鍋的鍋身兼具烤模功用，比方蛋糕麵糊倒入愛心型鑄鐵鍋，完成倒扣後就是愛心蛋糕；麵包麵糊倒入花朵型鑄鐵鍋，烤完脫模後就是漂亮的花型麵包；另外，配菜豐富的聖誕烤雞，也可以利用一只大型深鍋一氣呵成！

日式五目炊飯

「五目」來自日文，是在飯裡添加五種料的什錦炊飯。
一般用肉類、牛蒡、菇類是最基本的配料，也可依喜
好添加其他蔬菜，例如：蓮藕、紅蘿蔔或其他蔬菜切
絲一起蒸炊，用密封性佳的鑄鐵鍋來煮最適合不過。

材料 （2 人份）

白米 2 杯
高湯 2 杯（或白水）
雞肉或豬肉約 200g
牛蒡 1/4 段
鴻喜菇半包
蓮藕 1 節
紅蘿蔔 1/4 段

調味料
淡醬油（或柴魚醬油）3 大匙
味醂（或砂糖）1 大匙
清酒 1 小匙

作法 1

1 將肉切絲，牛蒡、蓮藕、紅蘿蔔皆削
皮並切細絲。

2 將白米與高湯（比例為1：1）倒入深
型鑄鐵鍋中，再放入切好絲的食材，
加蓋以中火煮至鍋緣有蒸汽冒出。

3 此時關小火，續煮約5分鐘即可關火。
讓它燜約10分鐘後開蓋，加入調味料
拌勻即完成。

作法 2

1 備一深型鑄鐵鍋，倒入油並放入五種
細絲拌炒，加入調味料炒至有香氣
後，取出備用。

2 原鍋不需洗，隨即倒入白米與高湯，
將炒過的食材全鋪於上方，依照第一
種作法的燜煮步驟做完即可。

Tips

1.別用太大的鍋子煮太少
的米，以免燜不熟或易焦
掉喔！貼心建議：18cm
鍋子用1-2杯米，20cm鍋
子用2-3杯米，22cm鍋子
用3-4杯米。

2.如果選用的替代食材
很容易出水，高湯（或白
水）份量要酌量減少。

蔬香番茄米飯

整顆番茄和米一起煮，看似簡單，但美味卻令人驚豔且視覺搶眼！番茄經烹煮後會釋出大量茄紅素，是天然抗氧化劑，可保養皮膚、幫助膽固醇排出。茄紅素屬油溶性且穩定性相當好，不像維他命 C 會隨著烹調而流失，記得淋上橄欖油一起蒸煮。

材料（2 人份）

牛番茄 1 顆

白米 1 杯

高湯 l 杯（或白水）

鹽 1 小匙

黑胡椒 適量

橄欖油 適量

作法

1. 洗淨番茄，於蒂頭與底部各挖一個洞（尾部劃十字亦可），不去皮備用。

2. 洗淨米，放入鑄鐵鍋中，加入高湯，鹽、黑胡椒、橄欖油拌勻，並整平表面，最後把番茄放在鍋子中央。

3. 以中火加熱，等鍋緣冒出蒸汽滾沸後轉小火，加蓋煮5分鐘後關火。

4. 燜約10分鐘後開蓋，將番茄攪碎拌勻米飯即完成。

Tips

1.挑選番茄時，建議選顏色愈紅、愈成熟的，會讓此道料理效果更好。

2.用鑄鐵鍋煮好吃米飯的原理，其實是「燜熟」，而非煮到熟喔！

廣島牡蠣味噌鍋

廣島牡蠣的產量是日本第一，所以衍生了這道深具鄉土特色的料理名物。在鍋內緣塗上厚厚一層味噌，再加入高湯、水，放入牡蠣、豆腐和蔬菜。隨著溫度升高，鍋緣濃醇的味噌緩緩融入湯中，與鍋中食材完美融合，是除了壽喜燒以外必學的日本道地美味料理。

材料（2人份）

牡蠣去殼 數顆	白菜 1/2 顆	鍋緣用味噌	味噌 適量
蘿蔔片 適量	香菜 1 小把		砂糖 2 小匙
板豆腐 2 塊	高湯 適量		清酒（或米酒）1 大匙
香菇 4 朵	白芝麻（或七味粉） 適量		

作法

❶ 將牡蠣放入大碗中，以清水輕柔地沖洗乾淨；板豆腐切成適口大小 、香菇去蒂、白菜切寬片，備用。

❷ 將鍋緣用的味噌材料拌合，厚塗至鍋邊，以中火燒熱鍋子，同時注入高湯煮。

❸ 待高湯滾沸後，放入豆腐塊、香菇煮熟，最後加入牡蠣、香菜葉及白菜片煮熟後關火。

❹ 可以個人口味調整味噌湯頭的濃淡，最後撒上白芝麻或七味粉即完成。

1.煮味噌時，非常容易燒焦，所以燜煮時請用小火。

2.新鮮的廣島牡蠣也可裹麵包粉下鍋炸，口感外酥內嫩，或做牡蠣炊飯也很棒！

〈 Part 2 〉 一鍋煮！善用鍋具做家常料理

韓式一隻雞湯

韓國人很喜歡吃全雞，據說都是選用飼養 45 天的雞隻、類似雛雞的大小做韓國人蔘雞或燉一隻雞湯。想燉出一鍋有鮮味又保溫的雞湯，用鑄鐵鍋來輔助最適合不過！

材料 （2人份）

全雞 1 隻
（依鍋子尺寸準備合適大小）

馬鈴薯 2 顆

青蔥 1 支

韭菜 1 束

大蒜 2 瓣

薑 1 小塊

雞高湯 2 罐

米酒 2 大匙

鹽 1 小匙

韓國年糕條
（依喜好於最後加入，亦可省略）

作法

1. 將全雞洗淨，先放入滾水鍋汆燙，加入米酒1大匙去腥後，撈出備用。

2. 馬鈴薯去皮、切成大塊，蔥與韭菜則切長段，大蒜與薑切片，備用。

3. 備一深型鑄鐵鍋，放入整隻雞，加入高湯、米酒1大匙、鹽、蒜片、薑片，以中火煮沸後，加蓋轉小火慢燉30分鐘。

4. 開蓋，加入馬鈴薯塊、蔥段，續以小火燉10分鐘。

5. 最後加入韭菜段，不加蓋，以小火加熱2-3分鐘即完成。

Tips

1.最道地的韓國吃法是，將吃完剩下的少許雞湯再加入白飯、雞蛋、海苔絲，吸收雞湯裡所有精華後煮成美味的粥。

2.喜歡重口味的你，也可搭配韓式辣椒醬沾雞肉一起吃。

日式唐揚雞

日式唐揚雞是許多居酒屋的必備菜單，這裡要介紹如何用鑄鐵鍋做出酥嫩多汁炸雞的方法，不僅是方便的便當菜，也能搭配沾醬、日式咖哩享用。

材料 （2人份）

去骨雞腿肉 1 隻

醃料
大蒜碎 1/2 茶匙
生薑碎 1/2 茶匙
醬油 1 大匙
味醂 1 大匙
清酒 1 大匙

炸粉
蛋黃 1 顆
太白粉 1 大匙

作法

1. 將雞腿肉切成一口大小，用醃料抓醃約30分鐘，備用。

2. 先用廚房紙巾吸掉雞腿肉的表面水分，接著混合炸粉材料於平盤中，將雞腿肉均勻裹上炸料，每沾好一塊就下鍋炸。

3. 取一深型鑄鐵鍋，倒入約5cm高的油，以中火預熱。用木質料理筷傾斜插入油中，若起均勻的微氣泡，即可放入雞腿塊油炸（此時油溫約150℃），約1-2分鐘取出瀝油。

4. 靜置幾分鐘後，將雞腿塊放回鍋中，二度油炸約30秒，讓表面呈現金黃色就撈起。

1.每裹好一塊就入鍋炸,別等全部裹完麵衣才通通入鍋,因為分次入鍋炸就不會使油溫驟降或鍋內太擁擠,而影響了炸物的美觀及熟成度。

2.日式唐揚雞一般是使用太白粉,但其實也可用麵粉,不過用太白粉的話,油炸時較不易黑掉。

{Part 2} 一鍋煮!善用鍋具做家常料理

香料紅薯辣雞塊

馬鈴薯接近皮的部分是特別營養的，其中所含的各種維生素高達 80%，除了白皮、黃皮品種，能抗發炎與抗癌的紫皮、紅皮的馬鈴薯品種也推薦多多選用！

材料 （2 人份）

紅皮小馬鈴薯 3 顆
去骨雞大腿肉 1 片

醃料

鹽 1 匙
大蒜 1 顆
辣椒粉 1 匙
橄欖油 1 匙
迷迭香 1 株

作法

1. 將雞肉切成一口大小，撒一點鹽抓一下；大蒜去皮切片、小馬鈴薯洗淨，帶皮切成一口大小，備用。
2. 準備一個塑膠袋，放入雞腿塊、辣椒粉、蒜片、橄欖油、迷迭香，醃製15分鐘左右。
3. 將烤箱預熱至210℃。
4. 取一個鑄鐵煎鍋，放上醃好的雞腿塊，將各面先煎至上色，取出備用。
5. 利用煎鍋中的雞油，煎製小馬鈴薯至半熟，再倒入作法4的雞腿塊鋪平。
6. 整只鍋放進預熱好的烤箱，烤約10分鐘即可取出。

Tips

1.利用「一鍋煎、同鍋烤」再直接上桌，不但快速且保溫食材又減少洗碗盤的數量！

2.除了單吃，可搭配酸奶、擠上檸檬汁，滋味更清爽怡人。

春蔬克拉芙緹

Clafoutis 起源於 19 世紀法國中部地區，傳統食譜是使用當地盛產的黑櫻桃做成甜點，後來口味演化像鹹派、鹹的舒芙蕾，在蛋奶液中加入培根火腿、起司、時蔬，是家家戶戶會做的平民美食。

材料 （2 人份）

火腿 2 片
洋蔥 1/2 顆
大蒜 2 瓣
蘆筍 4-5 根
甜紅椒 1/2 顆
綠花椰菜 1 小朵
辣椒粉少許

蛋奶液
牛奶 120ml
鮮奶油 120ml
雞蛋 2 顆
低筋麵粉 2 匙
液化奶油 10g
鹽及黑胡椒適量

作法

1. 將火腿、洋蔥、大蒜分別切碎；甜紅椒切小塊、蘆筍切段、綠花椰菜切成適口大小，備用。

2. 將烤箱預熱至200℃。

3. 取一個鑄鐵煎盤，倒油入鍋，以中火加熱，放入洋蔥碎、蒜碎及火腿碎，炒香。

4. 備一滾水鍋，放入蘆筍段、小朵綠花椰菜、甜紅椒塊，燙熟後撈出；並以鹽、辣椒粉稍做調味。

5. 將蛋奶液材料打散攪勻於碗中，並加入適量鹽及黑胡椒，倒入鑄鐵煎盤，並排入作法3燙好的調味蔬菜，放烤箱烤25分鐘即可取出。

Tips

1.除了當季時蔬，也可利用冰箱剩餘食材做克拉芙緹唷！只要把材料稍微炒香再加入蛋奶液去烤，是很方便的清冰箱料理。

2.剛烤好的克拉芙緹會膨脹得很高，遇室溫才會消退，所以全部食材倒入烤盤的高度，記得控制在鍋內的8分滿就好。

迷迭香鄉村豬肉鍋

這類鄉村風格菜沒有標準版本，南義、南法、西班牙的口味不同，甚至每個廚師會有自己的做法，但共通點是：肉類會用整塊或切小塊，而不會用絞肉或剁碎；調味通常以紅白酒、迷迭香或百里香…等新鮮香草與當季時蔬做表現。

材料 （2人份）

梅花豬肉 1 塊
（依鍋子尺寸準備合適大小）
洋蔥 1/2 顆
大蒜 2 瓣
胡蘿蔔 1/2 根
櫛瓜 1 小根
蘑菇 5-6 顆
白酒 1 杯
高湯 1 罐
月桂葉 1 片

醃料
鹽 2 匙
黑胡椒 適量
迷迭香 2 小株

作法

1. 將整塊梅花豬肉抹上鹽，裝入塑膠袋中，加入黑胡椒、迷迭香醃一下。

2. 將大蒜壓碎、洋蔥切塊，胡蘿蔔及櫛瓜切成1cm厚的圓片，備用。

3. 取一個深型鑄鐵鍋，倒入橄欖油並開中火，先放入洋蔥及大蒜爆香，再放入醃好的豬肉塊煎至兩面焦黃色後，取出備用。

4. 胡蘿蔔片、櫛瓜片、整顆蘑菇放入鍋中，稍微煎炒後放回豬肉塊，加入白酒、月桂葉，並加入高湯煮沸，加蓋轉小火燉20分鐘即完成。

Tips

1.蔬菜的選用很隨意，也可加馬鈴薯、杏鮑菇、牛番茄…等做替換。

2.建議選擇不甜的白酒，才適合燉肉。

3.月桂葉及香草束久燉不爛，享用前記得先夾出！

百里香蘑菇牛肉煲

百里香的香氣清新淡雅，在料理的運用十分廣泛，搭配肉類、海鮮或甜點都相當合適。歐洲人熬煮湯底或醬汁時一定會加百里香調味，可以和巴西里及其他香草一起紮成香草束來燉煮高湯。

材料（2人份）

牛肋條（或牛腱）1條　　百里香 2 小株
洋蔥 1/2 顆　　　　　　白酒 1 杯
紅蘿蔔 1/2 根　　　　　蘑菇 6 顆
牛番茄 1 顆　　　　　　高湯 1 罐
芥末醬 1 匙　　　　　　鹽與黑胡椒適量

作法

1. 洋蔥切塊、紅蘿片切圓片、番茄切塊、蘑菇切半，備用。
2. 取一個深型鑄鐵鍋，倒入油燒熱後，放入洋蔥塊、紅蘿蔔片拌炒至焦糖化，取出備用。
3. 將牛肉放入原鍋中，將兩面煎至表面上色。
4. 放回作法2的洋蔥塊、紅蘿蔔片，再加入番茄塊、芥末醬、百里香、白酒、切半蘑菇，一同拌炒均勻。
5. 倒入高湯，煮至滾沸後，加蓋以小火慢燉約30分鐘後關火續燜30分鐘，開蓋後以鹽、黑胡椒調味即完成。

1.梅納反應會讓含有碳水化合物與蛋白質的食材出現美好風味與微焦狀態，例如燒烤過的肉（肉類裡有糖）、麵包外皮與洋蔥…等。而「焦糖化」後的洋蔥甜味，除了梅納反應外，加熱也會讓某些澱粉分解成糖，導致真正的焦糖化。

2.本食譜中的牛肉也可以用豬肉替代。

無水蒸鮮蔬

「無水蒸」是利用鑄鐵鍋本身厚實密封鎖水的特性，以極少的水或不加水烹調、鎖住熱蒸氣，逼出食材本身的水分與甜味，此手法比水煮更能留住蔬菜中的水溶性維他命並避免礦物質流失，只需簡單調味就非常好吃！

材料（2人份）

綠櫛瓜 1 根

娃娃菜 2 顆

綠蘆筍 6 根

花椰菜 4 朵

甜紅椒 1/2 顆

橄欖油 2 匙

昆布（或柴魚醬油）1 大匙

鹽 少許

註：以上蔬菜可替換，以當季蔬菜為準備依據

作法

1. 將所有的蔬菜食材洗淨，切成適口大小（難熟的蔬菜則切薄），備用。

2. 在淺底鑄鐵鍋內排放蔬菜塊，擺放時注意「水分較少或難熟的蔬菜放鍋子底部，多汁的葉菜鋪上面」。接著淋上橄欖油，開中火並蓋上鍋蓋。

3. 加蓋煮3分鐘後開蓋，稍作攪拌，此時淋上昆布或柴魚醬油1大匙。

4. 轉小火，燜蒸約3-5分鐘後開蓋（依個人喜好的軟硬口感做調整），撒上少許鹽拌一下即完成。

Tips

1. 建議使用淺底鍋型的鑄鐵鍋，因為它的鍋蓋厚實，能有效鎖水！

2. 除了蔬菜，無水蒸鮮魚、蛤蠣、海鮮…等也合適，或是用鹽麴蒸肉也十分美味！

3. 若是只蒸蔬菜，建議沾取日式芝麻醬享用，很絕配。

炙烤櫻桃鴨胸佐果醋醬

鴨胸料理看起來很厲害，但其實很簡單做！法國最有名的鴨產地是法國西南邊（Magret de Canard de Sud-Ouest），這裡的鴨專門養來產鴨肝，所以餵養得特別肥，有種特殊油香和類似牛肉的口感。建議吃5分熟，再佐上偏酸甜或水果的醬幫助解膩。

材料（2人份）

去骨帶皮		醃料	新鮮百里香葉 1 小束		黑醋栗醬汁	植物油 1 匙
鴨胸肉 2 塊			植物油 1 匙			奶油 1 匙
鹽與黑胡椒少許			鹽與黑胡椒少許			蔥 1 根
						百里香碎 1 匙
						黑醋栗利口酒 2 匙
						水 少許

作法

1. 修剪鴨胸的多餘脂肪並在皮上劃刀。切碎百里香，與植物油、少許鹽和胡椒混合，塗滿鴨胸肉及皮下後靜置15分鐘以上。

2. 取一個醬汁鍋，放入植物油、奶油，以小火加熱，並加入切碎的蔥輕輕炒香，再加入百里香碎、黑醋栗利口酒與一點水，煮至滾沸。

3. 加蓋，以中小火燉15分鐘後開蓋，以鹽和黑胡椒稍做調味。

4. 取一鑄鐵烤盤，先用油刷薄薄地刷上一層油，以中火預熱。將鴨皮面朝下放入鍋中，先煎2分鐘，再翻另一面煎2分鐘。反覆煎烤10分鐘，直到鴨肉略帶粉色，時蔬配菜放烤盤四周一起烤。

5. 將作法3醬汁倒入碗中，取一些以篩網過濾雜質至原鍋，以小火煮3分鐘濃稠收汁後即完成，淋在鴨胸上擺盤享用。

Tips

1.若不作醬汁，可用巴薩米克醋（Balsamic vinegar）替代，尤其是陳年的會有酸甜果香，與鴨胸極為match。

2.可利用煎完鴨胸後的油，煎香另外的配菜，例如：紅皮馬鈴薯、洋蔥、紅蘿蔔…等，豐富擺盤。

櫻桃克拉芙提

Clafoutis 是很常見的法國家常甜點，材料簡單，算是麵糊類蛋糕（batter cake），口感像是硬一點的布丁或固體的卡式達醬。源自法國 Limousin 地區最常使用黑櫻桃來做，也有用青蘋果或其他微酸的杏桃水果取代。又因為沒有塔皮、派皮的外殼，烤出來後通常以大湯匙分裝成小塊上桌。

材料（2人份）

整粒黑櫻桃罐頭 1 罐
（視烤盤大小決定顆數）
低筋麵粉 40g
雞蛋 1 顆
砂糖 20g

牛奶 80ml
酸奶 40ml
液化奶油 20g
糖粉 適量

作法

1 將烤箱預熱至180℃；過篩麵粉，備用。

2 取一大碗，先放麵粉在中央，作出一凹槽，凹槽中打入雞蛋，從中心慢慢劃圈混合。將砂糖、牛奶、酸奶依序拌勻，最後加入液化奶油輕拌一下。

3 取一鑄鐵煎盤，在表面與鍋邊抹上奶油（份量外），倒入作法2的麵糊約7-8分滿，再分散擺入櫻桃。

4 進烤箱烤20-30分鐘取出，最後撒上糖粉即完成。

Tips

1.擺放櫻桃時需保留間隔，剩下的櫻桃汁也可淋1-2匙在麵糊中增加風味。

2.剛烤好的克拉芙緹會膨脹得很高，遇室溫才會消退，所以總食材倒入烤盤的高度控制在7-8分滿即可。

3.黑櫻桃無需去核，烘烤中自然保有淡淡的核果味。

更多了解！
鑄鐵鍋料理 Q&A

Q1 鍋子出現橘紅色鏽斑，怎麼辦？

A 用菜瓜布將鏽點磨掉後，抹一些油覆蓋鍋面以隔絕空氣。或用富含油脂的食材多次料理後，鐵鍋便會恢復黑金光澤狀態，也能達到一定程度的抑制生鏽效果。

Q2 清洗鑄鐵鍋要特別注意什麼？可用科技海綿洗嗎？

A 先泡水再用熱水沖洗，別用鋼刷或粗磨砂海綿用力搓洗；再次強調也不需用洗碗精，以免因過度清洗帶走已形成的天然油脂保護層，而更易造成鐵鍋生鏽。如果黏鍋也不要硬刷，浸泡熱水久一點或鍋中加水煮沸，就能軟化汙垢，再用菜瓜布反覆在焦黑處劃圓圈輕抹去除。

此外，科技海棉會以肉眼看不到的驚人速度刮傷鍋面材質，所以不能用喔！它也不能用來洗不鏽鋼鍋，以免鍋面變霧。

Q3 如果長時間用不到鍋子，如何正確收納？

A 放在通風乾燥的地方，切記不用抹油養鍋！！可用白紙或原廠紙箱把鍋子包起來收納，也可擺放防潮包在旁邊，因為台灣比較潮濕。

Q4 琺瑯鑄鐵鍋會吃色嗎？處理得掉嗎？

A 一般料理完成後即盛起食材，並將鍋子立即泡水，這樣一來，即使是咖哩或紅豆湯也不怕吃色沉澱。鍋子用久了，難免有食材滷汁或較深色的髒汙，可用海綿沾些小蘇打粉，以畫圓方式分次輕輕刷洗，或使用鑄鐵鍋專用的清潔劑定期保養。

Q₅ 鑄鐵鍋料理真的可以補鐵質嗎？

A 據英美研究發現，用鑄鐵鍋烹飪酸性食材，能提高20倍具有活力的鐵質讓人體吸收，但只有生鐵鍋才會溶出鐵，而琺瑯鑄鐵鍋已被包覆，不會有酸性化學反應產生，加上人體真正能吸收的鐵質不會也不需要從鑄鐵鍋而來。

人體只能吸收二價鐵，即血紅素鐵，用鐵鍋炒菜確實可使料理中的鐵含量增加，但料理中的鐵是三價鐵，也就是非血紅素鐵，主要存在於植物性食物中，人體對其吸收利用率是很低的。

Q₆ 鑄鐵鍋可使用於微波爐和電磁爐嗎？

A 有的鑄鐵鍋蓋頭是金屬製，故不能放入　　　　烹調，會引發危險；但可使用電磁爐類的熱源做加熱。

Q₇ 用鑄鐵鍋煮出香噴噴白米飯的方法？

A 以2杯米為例：洗好的米及水比例為1：1.1，直接放入鍋中，加蓋以中火烹煮蒸汽冒出，轉小火續煮約10分鐘即可關火，此時不開蓋，續燜約10分鐘即完成。更加好吃的秘訣在於，開蓋後快速翻攪讓米粒與空氣接觸、讓多餘水分消散，就會又香鬆又Q彈！

Q₈ 為什麼用鑄鐵鍋烹煮時，很容易溢出來？

A 大部分原因都是食材或高湯裝太滿，或是爐火太大，導致內部過度沸騰、過熱的蒸氣無處可去，只好衝向鍋緣冒出，此時要做的動作是「熄火加開蓋減壓」。最建議的料理高度是7分滿，不但不會溢出來也不需要顧鍋，讓鍋內保留一定的熱循環空間、有益縮短食材熟成的時間。

Q₉ 鑄鐵鍋的鍋蓋頭可以一起放進烤箱烤嗎？

A 黑色電木頭的耐熱溫度最高在190˚C，如果烤箱使用溫度在此以下，是可以直接放進烤箱的；若高於這個溫度，則需要換成不鏽鋼頭再進烤箱。

Part3
家電幫手！
聰明家電的
省力料理

{ 電鍋 / 烤箱 / 調理棒 }

用小家電做菜讓大部分人下廚的時間縮短不少，像是電鍋、烤箱，甚至是調理棒與調理機…等。本篇章將帶大家了解常見的廚用小家電使用眉角，從烹調原理到美味食譜，讓你聰明省力做好菜。

3-1

電鍋

多年來，平實好操作的電鍋伴許多家庭渡過每
日的料理生活，能滿足燉煮、蒸、滷之外，還
能以蒸烤方式做輕盈甜點，料理老師還要告訴
大家如何製作省時又不變味的一鍋兩菜、燉煮
食物&湯品更好吃的小方法。

了解電鍋 － 使用與愛護

 ## 電鍋介紹與份量

所謂的「電鍋」，是指包含內鍋與外鍋的烹煮工具，靠著電能產生的加熱功效，讓外鍋的水升溫產生蒸氣，進而把食材變熟。使用電鍋時，外鍋務必加入水，這是電鍋與電子鍋兩者間最大的不同。

傳統電鍋的材質多以「鋁」為主，但是近年來因為食安問題受到重視，已經將大部分的鋁製材質改為不鏽鋼，以減少影響健康的疑慮。

許多人會問到購鍋時，到底該買多大容量的好？通常我會建議還是買10人份的鍋吧。或許你家只有兩個人，不見得會考慮大容量電鍋，但它的好處是可以彈性應用，只要更換內鍋尺寸就可以。

除非實在是因為旅途的重量限制、環境限制的關係，否則我個人建議即使是小家庭，也要選擇至少10人份容量的電鍋，以符合不同的烹調狀況。比方，雖然平常只有兩人用餐，但是無可避免地可能會有突發狀況，也許是親友來訪、也許是一年一次吃年菜的加熱需求，這時就會慶幸還好有大容量的電鍋。

至於功能的考量，畢竟電鍋就是懶人鍋、簡易鍋，因此建議選擇只有炊飯、保溫兩種功能的傳統型電鍋，其實就很夠用了。此外，選擇信譽優良、售後服務完善的品牌，絕對是購鍋首要的考量。

✦ 使用鍋具時的注意—烹調前 ✦

因為電鍋的操作簡易不複雜，所以大部分煮婦們都認為電鍋是最安全的廚房用具之一，也認為電鍋耐用好操，時常按下電鍋按鍵之後就離開廚房，逕自到市場趴趴走，但其實使用時仍有許多安全上的細節，以下是注意事項：

請勿同時同地使用高功率家電產品

電鍋是利用短時間升溫、用熱氣將食材煮熟的工具，因此加熱時的耗電量最高，大約是800-1000瓦，因此不適合使用延長線當成電力來源的供給端，反而需要獨立插座，並且避免兩種以上耗電量大的家電產品在一個插座源同時間使用，要特別留心。

如果發現家中插座在電鍋使用完畢後，表面容易發燙，代表應該請合格水電專家來家中更換老舊電線，以免發生意外。耗電量大的家電產品包括：電熱水瓶、烤箱、電磁爐、微波爐和烤麵包機…等。

定期更換電線與保養機身

有些菜色需要加熱好幾遍，或是一次倒入3杯水連續加熱的情況，此時都請特別注意牆壁插座和電鍋本身的電線狀況是否良好。如果有發燙現象，就代表家中的電鍋電線要更換，也代表家中插座不適合連續加熱。

這裡介紹一個方法，如果首次操作這類著重加熱的食譜，請一次倒入1杯水在外鍋，待開關跳起後，讓電鍋與插座休息至少20分鐘，確實降溫後即可再次加熱，會比較安全。

雖然電鍋好用，但是電線是屬於消耗品，長期使用後難免會破損、老舊，因此定期更換電線並且送維修站保養，是不可忽略的細節。

使用素面的耐熱容器

只要耐熱達110℃的加熱用容器，都很適合用來盛裝食材並放入電鍋進行加熱。例如：白鐵、鋁箔、烘焙用紙、耐熱玻璃、竹籠、陶瓷與不鏽鋼…等。但唯需注意的是，以上材質都盡量選擇素面的為佳，避免表面有太多色彩鮮豔的塗層，以免加熱過程中遇到高溫，而使得水蒸氣而溶出有害人體的物質。

配搭廚用小道具更方便

每台電鍋都會附贈「蒸架」，這是讓加熱器皿隔離外鍋滾沸的水所設計的，也為了讓沸騰的水可以更均勻地在鍋內循環，尤其是當加熱用器皿的深度較淺的時候。此外，「起鍋夾」、「隔熱手套」也是重要的配件，避免開鍋時突然冒出的大量蒸氣會燙傷手。

 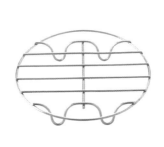 

✦ 使用鍋具時的注意—烹調後 ✦

用電鍋烹調完畢後，也有幾個重點需要注意，包含安全與清潔的部分，才能讓你家的電鍋用得長長久久和安心。

等待內鍋降溫才清潔

一定要等到「電鍋確實降溫」後才可以洗刷，先在內鍋倒入清水和少許中性清潔劑，用軟棕刷輕輕刷洗，將汙垢刷除後倒掉髒水，然後再次倒入清水，反覆刷洗直到沒有清潔劑殘留為止。如果內鍋骯髒的程度沒有很嚴重的話，就不一定需要用清潔劑，僅用清水刷洗也是可以的。

切勿用水沖洗整個電鍋

如果外鍋骯髒的程度需要較多的水來沖刷，記得務必要先拔除電線，同時切勿直接以水來沖洗整個電鍋。而電鍋表面包覆彩釉的部分，只用擰乾的濕抹布清理擦拭即可。

別忘了鍋蓋也要清潔

鍋蓋是最容易被忽略要清潔的部分，而且鍋蓋頭也最容易有螺絲鬆脫的現象，別忘了鎖緊螺絲之外，也要記得每天使用完畢，將鍋蓋正反兩面放在水龍頭下沖洗再擦乾或風乾，以避免有菜味重疊殘留而影響了下次料理味道。

電鍋的聰明料理法

電鍋的烹調原理是把水加熱到100℃以上，所產生的水蒸氣就能穿透食物，因此把食物煮熟。電鍋在台灣如此普及的一大原因是，完全沒有操作門檻，只需要按下按鍵，生米就可以煮成熟飯，舉凡蒸煮、燉煮、燜煮或是單純加熱，用電鍋都能做得到。

此外，蒸煮完成的食物還可直接放在外鍋，不用加水就按下按鍵，食物會有類似烘烤金黃上色的效果。想用電鍋烤麵包時，其實是先以「蒸」的方式讓麵團熟透，接著在外鍋鋪上錫箔紙，再薄塗一層油脂，然後放入麵包，不加水按下按鍵，以「乾烤」方式讓麵包底部上色，這就是用電鍋「蒸烤」麵包的方法。

電鍋附贈的量米杯，秤量1杯米為150ml，亦即4兩，可以供2個成人吃一頓飯的飯量。稱量1杯水等於160ml，以下提供外鍋水量和蒸煮時間對照。

使用水量	蒸煮時間
0.5杯	10分鐘
1杯	20分鐘
1.5杯	30分鐘
2杯	40分鐘
3杯	60分鐘

◀ 1個米杯的份量為 150ml。

Type1

煮

用電鍋煮飯是最普遍的使用功能，烹煮不同米種時，其水分使用的比例不同。

白米1：水1
糯米1：水0.7
糙米1：水1.5

不論是烹煮白米、糯米或糙米，都要先反覆地清洗，把附著在米粒表面的灰質、雜質洗去，再以乾淨的水浸泡過，讓米粒膨脹，以此方式烹煮的米粒會更香甜可口。

至於煮雞湯或排骨湯，則要先將骨頭放入滾水鍋略燙一下，以「汆燙」的方式把骨頭表面的血水燙洗乾淨。撈起骨頭後，再次以清水沖洗過，把表面汙垢雜質洗掉再放入內鍋，這樣一來，煮好的湯品顏色才會清澈，灰灰的浮沫就不會浮在湯上和黏在食材的表面了。

Type2

滷

一般來說，用於滷製的食材都是可以耐得起反覆烹煮的材料，例如雞蛋、豆乾、豬腸、牛筋…等。而滷的秘訣是在於滷包的香料搭配、醬料的使用，以及烹煮後浸泡花費的時間。因此用電鍋滷食材時，加熱時間不見得要很長，反而要依照食材特性來增減滷製時間；此外，不同的食材不要混搭在一起，以免影響熟度口感。

Type3

用電鍋蒸菜也是普遍常用的功能，蒸食材時記得在器皿底下擺放蒸架。用大電鍋可以蒸小型食材，但是用小電鍋烹煮大型食材的話，就要在外鍋多加水量，以免讓食物中心無法熟透。

蒸煮料理時，要注意有少數不可加熱過度的菜色，例如：蒸蛋。建議於蒸的過程中，用筷子夾在鍋蓋間、留一個小縫隙，讓多餘的熱蒸汽散出。

除了生鮮料理，若要將冷凍包裝的食材整袋加熱，直接把耐熱包裝袋放入外鍋，倒入蓋過袋子1/2水量的水，再蓋上鍋蓋進行加熱。

Type4

用電鍋「烤」食物的功能比較不普遍，原因是很多人不知道該怎麼使用。所有食材都需以「蒸」的方式煮熟，接著在鍋底鋪上鋁箔紙，於紙的表面薄塗油脂，再把蒸熟的食材放上，不需加水，啟動加熱按鍵，進行加熱。如此一來，食材與鍋底接觸的那一面就會金黃上色。

Type5

甜 點 烘 焙

用電鍋可做出不同於烤箱、蒸籠製作的甜點，
例如：蛋糕、包子和饅頭。製作蛋糕時，會用
到模具，請選擇耐熱的錫箔、白鐵或是陶瓷材
質。而蒸煮包子饅頭時，可選購與電鍋口徑相
等的蒸籠，直接架在電鍋上面加熱。

若沒有蒸籠，也可直接把生麵團放在盤子上，
但注意每個麵團間要有充分的空隙，好讓麵
團有足夠空間膨脹。此外，在寒冷冬天裡，電
鍋的「保溫」功能可以提供麵團絕佳的發酵溫
度、濕度與環境，是讓人開心的額外功能。

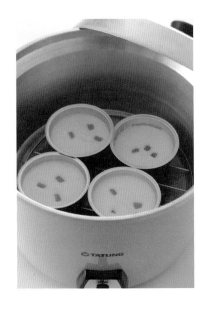

Type6

一 鍋 多 菜

電鍋還有一個便利的功能，就是減少繁複的備
餐過程，一鍋就可以出多菜，讓備餐者、煮婦
們省下不少時間，是得力的好幫手。擺放的順
序是米飯或湯品放置下面，薄片肉、蛋、魚或
根莖蔬菜類放在上面。擺在上層的食材需要是
「平面鋪放」，在下層的食材則是湯水較多的
鍋物、湯品為宜。

豆奶豆腐燉蔬菜

運用兩種營養豐富的根莖類蔬菜，搭配濃郁豆奶與滑嫩豆腐，在暖暖冬日裡是很引人食慾的美顏料理，還能完整攝取到植物性大豆蛋白質。

材料 （2人份）

無糖豆漿 300ml

橄欖油 1 小匙

馬鈴薯 150g

南瓜 100g

油豆腐 1 份

新鮮蕈菇 50g

蔥 1 根

鹽 1 小匙

作法

1 將蔥白的部分切成3cm小段，蔥綠則切末，備用；把豆漿倒入內鍋。

2 馬鈴薯去皮切塊、南瓜去籽帶皮切片，與蔥白一起放入內鍋，加入橄欖油。

3 外鍋倒入1杯水，蓋上鍋蓋，按下開關加熱。

4 洗淨油豆腐、蕈菇後，油豆腐切塊、蕈菇切除根部。

5 開關跳起後，打開鍋蓋，放入蔥末以外的材料，外鍋倒入1/4杯水，再次蓋上鍋蓋，按下開關加熱。

6 第二次加熱完畢後，開蓋撒入蔥末、鹽拌勻，淋上橄欖油，蓋上鍋蓋續燜5分鐘後再取出食用。

漢堡排佐特調醬汁

利用清蒸的方式完成的漢堡排,口味清爽、無負擔,
但美味毫不遜色。

材料 （6 人份）

牛絞肉 500g		水 200ml
洋蔥 100g	醬汁	中濃醬汁 2 大匙
大蒜 3 瓣		柳橙汁 70ml
雞蛋 1 個		
奧勒岡香料 1 小匙		香菜菜數片
紅椒粉 1/2 小匙	裝飾	小番茄數顆
鹽 2 小匙		西生菜皆適量

作法

1. 將洋蔥去皮切丁、大蒜切末,備用。
2. 所有材料放入攪拌盆拌勻至產生黏性為止。
3. 每次挖取100g餡料,用雙手交互拍打讓肉質緊實,並且整成約1.5cm厚的圓片狀,蓋上保鮮膜放冰箱冷藏至少30分鐘。
4. 取出肉餅,放在加熱盤上,淋上少許橄欖油,再移入電鍋蒸盤架上。
5. 外鍋倒入1杯水,蓋上鍋蓋,按下開關加熱。
6. 製作醬汁,將材料混合倒入湯鍋加熱,沸騰後關火。
7. 取出蒸好的漢堡肉,放在主菜盤上,每份淋上1大匙醬汁,並搭配生菜擺盤。

建議每次最多加熱3片
漢堡肉，多餘的醬汁可
放入冰箱冷藏，於一個
星期內食用完畢。

輕辣茄子咖哩

用四川花椒粉、新鮮紅辣椒和糯米椒…等素材，做出中式風味的咖哩，香料能讓整體風味更加提升。

材料 （4 人份）

茄子 2 條
糯米椒 8 根
小紅辣椒 2 根
雞絞肉 250g
香菜 適量

麻油 1 小匙
四川花椒粉 1/2 大匙
印度咖哩粉 1 大匙
水（或高湯）200ml
鹽 1 小匙

作法

1. 將茄子去蒂頭、切滾刀，泡水備用；糯米椒、紅辣椒去蒂頭去籽，切斜段，也泡水備用。

2. 雞絞肉放入內鍋，加入麻油、花椒粉、咖哩粉拌勻。

3. 將作法1的所有材料瀝乾水分，放入內鍋，倒入水和鹽。外鍋倒入1杯水，蓋上鍋蓋，按下開關加熱。

4. 開關跳起後，取出蒸好的茄子咖哩，稍微攪拌一下，讓材料均勻融合即完成。

清爽版金瓜米粉

誰說米粉一定要用炒的呢？用電鍋也能做出米粉料理，而且味道更加清爽、完全不油膩，而且帶點濕潤度、讓食用更容易。

材料 （4人份）

乾米粉 150g
南瓜 150g
豬肉火腿 100g
高湯 100ml
綠韭菜 適量

橄欖油 1 大匙
麻油 1 小匙
鹽 2 小匙
白胡椒粉 1 小匙
黑醋 2 小匙

作法

1. 備一裝有熱水的大碗，放入米粉浸泡，等待軟化後取出瀝乾水分，切小段再放入內鍋。

2. 將南瓜去皮去籽，切成絲狀，放在米粉上面；豬肉火腿切小片，綠韭菜也放入。

3. 淋上橄欖油、麻油，用筷子將材料拌勻，最後倒入高湯。

4. 外鍋倒入1杯水，蓋上鍋蓋，按下開關加熱。

5. 開關跳起後，打開鍋蓋，加入鹽、白胡椒、黑醋拌勻即完成。

紅燒牛蒡五花

這道料理可以當成家中的常備菜之一，有著海潮香氣的昆布與純釀醬油讓紅燒變成日式風味，可以一連吃下好幾碗飯。

材料 （4 人份）

五花肉 300g
牛蒡 1/2 根
薑 1 段（約拇指大小）
純釀醬油 2 大匙

味醂 1 大匙
昆布高湯 500ml
蔥絲 1 大匙

作法

1 五花肉整條不切塊，先放入平底鍋，以小火乾煎兩面並逼出多餘油脂，直到表面金黃後取出降溫，切成薄片狀，備用。

2 將牛蒡去皮切薄片，薑磨成泥，備用。

3 將五花肉、牛蒡和薑泥放入內鍋，加入醬油、味醂、高湯、蔥花，拌勻材料至上色。外鍋倒入1杯水，蓋上鍋蓋，按下開關加熱。

4 開關跳起後，開蓋拌勻材料，於外鍋倒入1/2杯水，蓋上鍋蓋，再次按下開關加熱，最後撒上蔥絲一起享用。

昆布高湯也可自製，準備
1L的水與25g昆布，製作
方法如下：備一滾水鍋，
放入洗淨的昆布，煮沸後
關火，挾出昆布並過濾高
湯，待降溫後放冰箱冷
藏，是很好用的常備品。

《Part 3》 家電幫手！聰明家電的省力料理

161

蜜汁蘋果牛小排

蜂蜜與蘋果的香甜滋味，讓這道牛肉料理滋味變得很溫和，切得薄薄的牛小排很嫩、好入口，小朋友或長者都可以食用喔。

材料 （6人份）

牛小排 600g

蘋果 250g

洋蔥 75g

鹽 1 小匙

黑胡椒粉 1 小匙

醬汁

水 200ml

醬油 1 大匙

蠔油 1 小匙

蜂蜜 1 小匙

檸檬片 4 片

作法

1 在牛小排的兩面撒上鹽、黑胡椒粉，抓醃一下，備用。

2 蘋果帶皮切薄片，洋蔥去皮切絲，與牛小排一起放入內鍋。

3 將醬汁材料混勻，淋在鍋中材料上。

4 外鍋倒入1杯水，蓋上鍋蓋，按下開關加熱；開關跳起後，拌勻即完成。

香椿海味炊飯

用簡單材料就能做出富有海味的炊飯，蜆的鮮味能讓米飯散發海味，再加上充滿大地芬芳的香椿，是能滿足味蕾的快速飯料理。

材料 （4-5 人份）

蜆 150g
金針菇 1/2 包
紅蘿蔔 35g
黑木耳 35g
白米 2 杯

水 1.5 杯
鮮美露 1 小匙
香椿醬 1 大匙
薑泥 1 小匙

作法

1. 洗淨蛤蜊，泡入加鹽的清水裡，徹底吐沙乾淨。
2. 金針菇切去根部、紅蘿蔔和黑木耳洗淨切絲，備用。
3. 將白米淘洗後瀝乾，放入內鍋，加入1.5杯水，再倒入鮮美露、香椿醬、薑泥混勻。
4. 在白米上面先鋪上蔬菜，再放入蜆。
5. 外鍋倒入1杯水，蓋上鍋蓋，按下開關加熱。開關跳起後，拌勻即完成。

除了蜆，也可換成蛤蜊使
用。如果沒有鮮美露的
話，可以換成和露。

香滷牛腱

用電鍋來滷牛腱，就不用一直去顧爐水，在此配方裡加了一點辣椒和辣豆瓣醬，滋味濃郁微辣，肉質有彈性卻不軟爛，冷著吃會特別美味。

材料 （可做 2 條）

牛腱 2 條　　　　　　　醬油 3 大匙
薑 2 片　　　　　　　　蠔油 1 大匙
蔥 2 根　　　　　　　　米酒 2 大匙
大蒜 3 瓣　　　　　　　辣豆瓣醬 2 大匙
辣椒 2 根　　　　　　　水 450ml
滷包 1 個

作法

1. 備一滾水鍋，放入牛腱汆燙，撈起後洗淨，放入內鍋。
2. 將蔥切半、大蒜去皮、縱切辣椒，全部放入內鍋，將水、醬油、蠔油、米酒、辣豆瓣醬在碗中混勻，也倒入內鍋。
3. 外鍋倒入1杯水，蓋上鍋蓋，按下開關加熱。開關跳起後，再倒入1杯水，蓋上鍋蓋，按下開關再次加熱。
4. 開關跳起後，開蓋降溫，取出滷包丟棄，整鍋放冰箱冷藏一夜。
5. 隔天取出牛腱，在冰涼的狀態下切成薄片吃。

〈 Part 3 〉 家電幫手！聰明家電的省力料理

臘腸翡翠菜飯 + 蟹肉蒸蛋

臘腸香氣在烹煮過程中，會讓白米也染上燻香氣息，拌入增添口感的青江菜，搭配軟滑蒸蛋一起吃，讓人大大滿足。

材料 （4 人份）

菜飯
港式臘腸 2 根
青江菜 100g
白米 2 杯
水 2 杯

蒸蛋
全蛋 2 個
水（或高湯）100ml
鹽 1/4 小匙
沙拉油少許
蟹腿肉 35g

作法

1. 淘洗白米後瀝乾，放入內鍋、倒入水2杯。

2. 洗淨臘腸後切片，鋪在裝有白米的容器中，放入內鍋，容器上面放一個蒸架。

3. 青江菜洗淨後切碎、蟹腿肉剝絲，備用。

4. 在碗中打散全蛋，加入高湯、鹽拌勻。備一蒸蛋用的容器，在碗內抹少許油，用篩網過濾蛋液入碗中，表面緊覆一張鋁箔紙，然後整碗放在米上方的蒸架上。

5. 外鍋倒入3/4杯水，蓋上鍋蓋，按下開關加熱，開關跳起後取出蒸蛋，鋪上蟹肉，再次蓋上鋁箔紙。

6. 取出蒸架，將青江菜碎放入飯內快速拌勻。

7. 放回蒸架和蟹肉蒸蛋的碗，外鍋倒入1/4杯水，蓋上鍋蓋，讓菜飯和蒸蛋進行第二次加熱，開關跳起後即完成，和蒸蛋一起享用。

檸檬鮭魚嫩蛋飯 + 蕈菇錫箔燒

利用檸檬的清香調味富有油脂的鮭魚，讓每粒米都能沾上魚油，但吃起來完全不覺得膩口；搭配菇蕈燒一起吃，非常下飯。

材料 （4 人份）

鮭魚飯	菇蕈燒	
白米 2 杯	杏鮑菇 2 條	醬油 1 大匙
水 2 杯	袖珍菇 75g	醋 1 小匙
鮭魚 250g	鴻禧菇 75g	砂糖 1 小匙
雞蛋 1 顆	小番茄 5 顆	沙拉油 1 小匙
檸檬 1/2 個	薑末 1 小匙	
鹽 少許	辣椒末 1 小匙	
黑胡椒粉 少許		

作法

1. 淘洗白米後瀝乾，放入內鍋、倒入水。
2. 洗淨鮭魚，兩面撒上鹽、胡椒調味，鋪在裝有白米的容器中，放入內鍋，容器上放一個蒸架。
3. 菇類洗淨，番茄切半，放在錫箔盒裡，撒上薑末、辣椒末，再淋上醬油、醋、糖拌勻，整個放在白米上方的蒸架上。
4. 外鍋倒入3/4杯水，蓋上鍋蓋，按下開關加熱。開關跳起後，取出錫箔盒。
5. 夾出鮭魚，用筷子把皮和骨頭剔除，把鮭魚肉剝碎。
6. 把蛋打散、淋在飯上面，拌勻後放回內鍋中。外鍋倒入1/4杯水，再次加熱。
7. 等開關跳起後取出飯，把鮭魚肉拌入米飯並淋上檸檬汁，拌勻後，和蕈菇一起享用。

材料 （2 人份，約 420ml）

全蛋 2 個
蛋黃 1 個
細砂糖 30g
鮮奶 250ml
香草精 1/2 小匙

作法

1. 倒鮮奶入小鍋中，加入細砂糖，以中小火煮至糖融化，關火。

2. 將全蛋、蛋黃打入乾淨的攪拌盆，打散，徐徐倒入作法1的溫牛奶，拌勻。

3. 接著加入香草精拌勻，即成布丁蛋液。

4. 用細目篩網過濾布丁蛋液，需瀝掉泡沫，這個動作反覆3次。

5. 將蛋液平均倒入準備好的小杯子或陶瓷碗中，表面分別蓋上錫箔紙。

6. 蒸架放入內鍋，放上作法5的布丁杯，外鍋倒入3/4杯的水，上蓋不緊密，用筷子留些許縫隙，按下開關加熱。

7. 開關跳起後，續燜5分鐘再取出。可趁熱另外搭配焦糖醬，或等降溫後擠上打發鮮奶油和草莓一起享用。

烹調法

蒸

鮮奶雞蛋布丁

製作時，蛋液表面的泡沫一定要除去，否則蒸好的表面會不平整。建議選擇馬克杯當容器，表面蓋上錫箔紙，這樣蒸的效果最好。

海鹽牛奶糖蒸蛋糕

雖然是甜甜的牛奶糖風味,但只要添加一點天然海鹽,就能讓味道更豐富,搭配入口綿密的鬆軟蛋糕,「蒸的」更健康。

材料 （4 人份）

鬆餅粉 150g
牛奶糖 4 顆
細砂糖 55g
牛奶 75ml
全蛋 1 個
蛋黃 1 個
沙拉油 1 大匙
海鹽 1 小匙

模具｜蛋糕模 4 個
（直徑 5cm）

作法

1. 將牛奶糖切小丁,備用。細砂糖與牛奶倒入小鍋中,加熱拌勻至細砂糖融化,關火。

2. 將全蛋、蛋黃、沙拉油倒入攪拌盆,用攪拌棒仔細拌勻。

3. 過篩鬆餅粉至攪拌盆中,與海鹽輕輕拌合成麵糊。

4. 平均倒入麵糊於蛋糕模中,表面擺放牛奶糖,擺在蒸架上。

5. 外鍋倒入 3/4 杯水,蓋上鍋蓋,按下開關加熱。待開關跳起後,待略降溫即可享用。

更多了解！
電鍋料理 Q&A

Q₁ 一鍋出多菜很便利，但如何讓食材彼此不影響味道？

A 原則是「不要讓兩種重口味的菜色放一起加熱」。例如：牛小排和香椿炊飯就不適合放在一起，因為兩款都是味道很明顯的菜色，尤其香椿飯有特殊香氣，不適合被肉類食材的味道給蓋過去。

一鍋多菜在電鍋中的擺放法為：主食在下、配菜在上，主食包含飯麵類，而配菜就是肉蛋魚類或根莖蔬菜類。

Q₂ 燉煮食物時，調味料和食材一起放鍋中，還是最後加？

A 如果是香氣來源的調味料，必須和食材一同放入。如果只是鹽、胡椒…等調味品，等最後起鍋時再加入。以「輕辣茄子咖哩」來說，咖哩是這道菜的主要味道，就應該在加蓋前與食材一同放入電鍋，等到料理完成之際，再加入鹽巴調味並試試味道。

Q₃ 用不同方式烹調時，如何判斷外鍋要加多少水呢？

A 通常按照食材體積、食材特性來判斷水量。例如，製作「海鹽牛奶糖蒸蛋糕」時，如果你使用的是4人份的大碗公來裝麵糊，則要比食譜中提到的水量還要多1/4杯。但如果是按照食譜中裝填的模型來製作，也就是一人份1杯的時候，則維持原來的水量即可。

Q4 我想用電鍋燙青菜，有可能嗎？怎麼做呢？

A 可以的，但需依青菜份量調整水量，如果要燙1個中等大小的花椰菜，請先準備內鍋，倒入半鍋清水與少許鹽，再放入電鍋中。外鍋倒入1/2杯水，按下開關加熱。

接著將花椰菜切小朵、洗淨，備用。當電鍋冒出煙，請戴上厚的隔熱手套，開蓋放入花椰菜，再蓋上鍋蓋，燜煮1-2分鐘後撈起即可食用。最後只要強制中斷加熱，把開關鍵向上推，即可停止加熱。

比起花椰菜來說，葉菜類的燙煮時間更短，但是主要還得視青菜量的多寡做調整。

Q5 想用電鍋做炊飯，如何才不會讓米太濕或口感爛爛的？

A 建議選擇尖型的米飯，洗淨白米後徹底瀝乾水分，以1杯米搭配0.9杯的水量。但如果材料中有容易出水的食材，例如：新鮮菇蕈，則建議水量要再減少一點。

Q6 用電鍋燉湯時有什麼小技巧，能讓湯更好喝？

A 用電鍋燉湯可分成階段來製作，例如需要燉煮1個小時的湯品，分成三次加熱，每次至少間隔30分鐘，稍作休息的這段時間，是讓湯品燜出好滋味的關鍵，而且可以藉此攪動湯品，讓材料比較均勻。

3-2

烤箱

烘焙迷一定有的家用烤箱，市面上的產品種類
與功能很多樣，如何選擇第一台烤箱並聰明
使用它呢？最懂烤箱菜的老師將列出各種料理
想像，除了烤焙食物與做甜點，還能輔助煎、
炸，甚至讓中式燉滷料理更好吃入味的眉角，
還有西式料理的油封做法一次公開。

了解烤箱 － 使用與愛護

■ 家用烤箱的特性介紹

家用烤箱的種類繁多，若以料理與烘焙適用度來初步區分的話，料理用的烤箱包含了常見的電烤箱、旋風烤箱，另外還有特殊功能的蒸氣烘烤箱、具有烤箱功能的微波爐，以及在台灣不常見的「瓦斯烤箱」，它是連著瓦斯爐具的一種烤箱。

如果你是烘焙愛好者，可考慮專用於烘焙、能分別調整上下火溫度或者具備發酵箱功能的烘焙用烤箱，或者是帶有石板及噴灑蒸氣功能、可用於烤焙歐式麵包的家用型專業烤箱…等。

常見尺寸

依市面上販售且常見的電烤箱來說，容量尺寸從6公升的小烤箱到60幾公升的嵌入式烤箱皆有。20公升以下稱之為小烤箱，20-45公升左右的是中型烤箱，60幾公升則為大型烤箱。

部分專業級家用烘焙烤箱容量，會以半盤（內部深47cmx寬37cmx高20cm）或1盤（半盤的兩倍）的容量來分。

加熱方式

一般小型烤箱都採用石英管加熱，以紅外線熱輻射的傳導方式來導熱，比較適合做燒烤，但容易有爆裂的疑慮。另外，使用金屬加熱管（例如不鏽鋼）的烤箱，利用熱空氣來傳導，適合做烘烤。

而中大型烤箱，有些採用U形或者兩條平行線的加熱管，但容易有烤溫不均的狀況，比較好的烤箱則使用多W型纏繞式的加熱管，讓烤溫較為平均。有些烤箱還會加裝均勻板，讓烤箱溫度又更加平均。

而有旋風功能的烤箱，烤箱裡有一個風扇可以讓烤溫更平均、烤色均勻，同時也縮短烹調時間，讓烘焙成品的口感更加酥鬆，尤其適合拿來烤烘餅乾類、丹麥和可頌麵團…等。

內壁材質

烤箱內壁的材質決定清理的難易度，一般大型烤箱都使用易於清潔的搪瓷琺瑯內壁，其他還有不鏽鋼板、鍍鋅板…等不同材質。不鏽板或鍍鋅板材質的烤箱要注意清潔，以免因為保養不當而生鏽。

✦ 如何選擇合用的烤箱？ ✦

｜依家庭人數對應容量｜

考慮購入烤箱的你，可先以家庭人數對應烤箱容量來初步決定容量，一人份使用20公升以下的烤箱，兩人是20-25公升，3-4人是26-29公升，4人以上可用大於30公升的容量。

依平日烹調習慣做考量

如果經常用烤箱做料理，建議選擇中型以上的容量，是可以用來烤全雞的尺寸以及可溫控的烤箱，會是比較理想的選擇。如果是烘焙愛好者，建議以能放入最小蛋糕6吋模型的寬度，再加上蛋糕體膨脹後的高度，與加熱管還有一定距離的容量大小來做考量基準，以及上下火能分開控溫是最好的。

除了以上兩點，預算較寬裕的人則可考慮全功能烤箱，具有不同烘烤模式，例如上下火調整溫度、上火燒烤、旋風…等，或具備特殊功能的烤箱，例如電子式電烤箱，可電子設定更換烤程；或是近年流行的蒸氣烤箱，以邊烤邊補水的方式，讓食物不會因為烤的過程流失太多水分而變得乾乾的。

如果廚房空間足夠或是正在規劃特殊裝修的煮婦們，不妨考慮美型的嵌入式烤箱，除了比較不會佔據流理台空間外，這類烤箱的容量大、功能至少都有5項以上，而且溫控範圍廣，能滿足大部分的烹調與烘焙需求。

◆ 使用烤箱時的注意─烹調時 ◆

初次使用先空燒

初次使用烤箱，需先高溫空燒，好讓烤箱裡的化學塗料揮發，請依各家烤箱使用說明書先做空燒動作。

用烤箱前先確實預熱

使用烤箱前，務必先預熱烤箱，達到需求溫度後再放入食物，以避免烤箱在升溫過程中，食物停留在烤箱過久，造成脫水過乾的情形。至於預熱時間要多久呢？一般食譜會寫預熱10分鐘，但實際上依各廠牌的加熱效能會有所不同，可依指示燈熄滅來判斷是否已達到預定溫度。

如果沒有指示燈的話，可依加熱管顏色來判斷烤溫，如果加熱管是紅色代表加熱中，由紅轉黑則代表已經達到指定溫度。

使用旋風時的溫度注意

一般烤箱的旋風功能比上下火烘烤時，約高出10-20°C左右，所以依食譜設定溫度時要特別注意。此外，旋風較容易將食物烘烤過乾，建議在烘烤的最後階段再開旋風、讓易出水的食物收乾。

增加水蒸氣防食物過乾

如果想要蒸烤或不希望讓食物烘烤過乾時，可於預熱時，以烤盤或在烤盅內放一杯水置於烤箱中，讓內部充滿水蒸氣，以防止食物過乾。

如何讓烘烤效果均勻

因為加熱管分佈位置的緣故，一般烤箱普遍有烤色不均的問題，可在烘烤進行至一半時，將食物轉個方向烤；如果是食物還未烤熟，但表面就已經過焦或快焦掉，則可用錫箔紙蓋住料理表面再繼續烘烤。

維持烤箱內的加熱效能

使用烤箱時，請減少開關門的次數，避免熱能散失。在預定結束的幾分鐘前，先關掉電力，只用烤箱內部的熱繼續烘烤。烘烤的食物不能碰到上下加熱管，需保持一段距離，若加熱管碰到油漬及髒汙，請務必清理乾淨，以免影響加熱效能。除了以上的使用要點，有些禁忌也需注意：

1 烤箱是高功率且用電需求高的機器，最好使用單一迴路及單一插座，不可共用其他電器，以免超過電流的負荷。

2 如果烤箱門是單層玻璃門，加熱時需避免玻璃門噴到水，以免溫差過大而發生玻璃破裂的意外狀況。

3 每台烤箱溫度皆不同，建議多測試自己家裡烤箱的溫度做調整，不是完完全全按照食譜上的溫度來烹調。

4 需隔水加熱的料理，請等烤箱預熱至需要的預定烤溫後，再放進裝水的烤盤中，這樣會較安全，並且避免烤盤變形。

◆ 如何清洗與保養烤箱—烹調後 ◆

為減少烹調後的清理動作，烹調前請使用錫箔紙及烘焙專用蠟紙，以防止食物的油滴落烤盤。而日常清潔的方式如下：

日常清潔

烤箱使用後，先等稍微降溫（烤箱不再很燙但仍保有一定溫度時），以擰乾的濕布擦拭，此時很容易去除油漬及汙垢，之後用乾布再次擦過。但若是小烤箱的話，則不能碰水，僅以紙巾擦拭即可。清潔過後的烤箱可再加熱烘烤10分鐘，將濕氣烤乾。

為了讓清潔效果更加顯著，可以搭配各種天然清潔品做使用：

1. 在耐熱容器中倒入小蘇打水（比例為水100ml：小蘇打1小匙），放烤箱烤至內部充滿蒸氣時取出，以抹布沾取小蘇打水擦拭烤箱內壁。
2. 也可改用檸檬水或醋，依上述方式清潔，還兼具除臭功能。
3. 在點狀汙垢的地方，可用軟毛舊牙刷沾點牙膏刷洗，也能輔助除垢。
4. 最後用酒精擦拭清潔過的地方，因為酒精可迅速揮發乾燥，不會讓烤箱內壁留有濕氣。

烤箱的聰明料理法

烹調原理與優點

烤箱的烹調原理是利用在密閉空間內的加熱管加熱空氣後，熱對流傳到食物裡，讓食物慢慢變熟且上色。為讓烤箱料理更加分，可注意以下的一些重點：

層架的擺放位置

依食物厚薄與加熱時間來選擇放置食物在烤架的位置，比較薄的食物放置靠中上層，較厚、需烹調較久的食物放置最下層，需要快速燒烤讓表面上色的食物可放最上層。

搭配各種道具更好用

A 鑄鐵鍋

因為鑄鐵材質可整個放入烤箱，且具有良好的保溫效果，加上含蓋的密閉性，很適合搭配均溫的烤箱做燉煮料理，或是做炊飯，也可做出外皮脆薄但內部濕軟有彈性的歐式免揉麵包。

B 錫箔紙、蠟紙

不只可以鋪在烤盤上，也可用來包裹食物，達到蒸烤效果。

C 烤盤烤模

琺瑯盤、玻璃保鮮盒、烤模、烤盤…等，是做烤箱料理時很常用的道具。但請選用可入烤箱的耐熱材質，而烤模建議使用黑色烤模，會比較容易吸熱。

D 食物溫度探針

烤肉類食物時，可插在食物中心放進烤箱，以偵測肉類的中心溫度，待溫度一到會有響鈴提醒，如此可達到肉類料理最佳的熟嫩度。

烤

烤又可細分成一般烤與焗烤（或燒烤），一般烤通常以烤盤或者各種烤模盛載食材，利用烤箱直接加熱傳導至食材內，讓食材烤熟，例如一般的蛋糕、麵包、餅乾，大塊肉類、魚類…等。

而焗烤則是食材已煮熟或是半熟狀態，以及不用太長烹調時間的食物（例如貝類、薄肉片），會於表面鋪上起司絲、麵包粉、起司粉…等，放在烤箱最上層，以最高溫度或者上火燒烤至表面快速上色。

Type2

燉　煮

搭配可入烤箱的耐熱鍋具，讓食材浸在醬汁中，鍋具加蓋後經由烤箱定溫加熱，長時間讓鍋內密閉空間的熱氣循環，讓食物變軟變嫩。

Type3

煎

將食材表面塗上油，或在烤盤塗油，可達到相同於煎的效果，例如煎蛋皮（請見？頁）或是煎魚，先在魚身兩面刷上油、烤的中途再翻面，魚身就會有酥脆感。

Type4

炸

用烤箱做的「炸物」比一般用油鍋炸的方式更
清爽，其技巧是準備噴油罐，先在食材表面均
勻噴上一層油，利用烤箱的高溫以達到類似炸
的效果。

Type5

油 封

將醃漬過的食材泡在大量的油裡面，利用烤箱
長時間低溫加熱，將食物泡熟。食材在未達到
沸點前長時間泡熟，可達到入口即化又軟嫩多
汁的效果。

Type6

蒸 烤

利用水蒸氣讓食物在烘烤時不會過乾，可將耐
熱容器裝水放入烤箱一起加熱，或利用錫箔
紙、烘焙蠟紙包住食物，讓食物產生的水氣自
行循環。

蔬菜杯子千層麵

一般千層麵是整份的,這道食譜改以餛飩皮搭配杯子模型,簡單製作出小巧份量的千層麵,也很適合當成派對食物。

材料 (2人份,6個量)

大張餛飩皮 12 片　　　　鹽 適量

杏鮑菇 120g　　　　　　黑胡椒粉 適量

櫛瓜 130g　　　　　　　莫札瑞拉起司 150g

紅蘿蔔 20g　　　　　　　瑞可達起司 60g

番茄泥 150ml　　　　　　帕瑪森乳酪粉 15g

奧勒崗 1 小撮

作法

1　將杏鮑菇、櫛瓜、紅蘿蔔洗淨,切成8mm小丁,莫札瑞拉起司也切小丁,備用。

2　加熱平底鍋但不加油,先放入杏鮑菇不翻動,煎至上色後再淋橄欖油,加入櫛瓜丁、紅蘿蔔丁炒至軟。

3　加入番茄泥、奧勒崗拌炒成餡料,以鹽、黑胡椒粉調味,熄火備用。

4　以噴油罐在瑪芬烤盤上噴油(或塗奶油),依序放上材料層疊:餛飩皮→瑞可達起司→帕瑪森乳酪粉→莫札瑞拉起司丁→蔬菜餡料→餛飩皮(與第一層餛飩皮交錯放入),然後重疊以上步驟一次,最後撒上帕瑪森乳酪粉、鋪上莫札瑞拉起司。

5　放入預熱至190°C的烤箱烤15-18分鐘,表面上色即可取出。

Tips

煎杏鮑菇時，平底鍋需
加熱至很熱的狀態，不
需加油下去煎，就可避
免杏鮑菇出水。

焗烤紅酒蒜香鳳螺

一般常在餐廳吃到的烤田螺，其實用鳳螺也可以做，濃郁蒜香非常誘人、醬汁還能沾著麵包吃。此食譜可以做出兩盤份量的成品！

Tips

1. 蒜香奶油也可自己做，準備奶油25g（室溫下軟化）+蒜泥3g +切碎巴西利1大匙+鹽與黑胡椒適量，全拌勻即完成。可一次多做一點，以保鮮膜捲成棒狀放冰箱冷藏，需要時切片使用。

2. 沒有田螺烤盅的話，可用錫箔紙做成環形，擺上田螺殼站穩，將處理好的田螺肉回填到田螺殼裡。

材料 （2 人份）

鳳螺 12 顆

洋蔥碎 1 大匙

紅酒 60ml

蒜香奶醬 25g

橄欖油 適量

披薩起司絲 10g

長棍麵包 4 片

作法

① 將鳳螺洗淨並用牙籤取出螺肉，去除尾端墨綠色內臟。

② 在平底鍋中倒油加熱，放入洋蔥碎，以小火炒至呈透明狀，加入鳳螺拌炒一下，再倒入紅酒煮至酒精揮發後，續煮到紅酒至一半的量，此時熄火。盛起鳳螺稍微放涼，摘除前端口蓋。

③ 將鳳螺填入兩個烤盤，淋上鍋中醬汁、表面塗上蒜香奶油醬，撒上披薩絲。

④ 兩個烤盤一同放進預熱至250°C的烤箱，於最上層位置烤5分鐘後取出。

優格檸檬雞肉薑黃飯

利用烤箱與鑄鐵鍋可燜煮印度香米飯，不怕瓦斯爐直火會讓鍋底燒焦喔。炒薑黃粉與胡荽粉時，等待它們冒出香氣，再繼續後面的製作步驟。

材料 （2人份）

雞大腿塊 500g
印度香米 1 杯
大蒜 1 瓣
洋蔥 1/4 顆
薑黃粉 1 小匙
胡荽粉 1/2 小匙
香菜葉 1 把
水 2 杯

醃料

無糖優格 70g
黃檸檬皮屑 1/2 顆
胡荽粉 1/2 小匙
薑黃粉 1/2 小匙
鹽 適量
黑胡椒粉 適量

作法

1 以醃料將雞腿塊醃隔夜。

2 大蒜去皮切碎，洋蔥也切碎，備用。

3 加熱平底鍋中並倒入橄欖油，放入雞塊煎至表面金黃（不需煎熟），挾出備用。

4 加熱鑄鐵鍋並倒入橄欖油，以小火炒軟洋蔥碎，加入蒜碎、薑黃粉、胡荽粉炒香。

5 加入印度香米、水拌勻，開大火煮至香米露出水面，鋪上雞肉塊，加蓋放入預熱度200˚C的烤箱烤18分鐘後取出，裝盤撒上香菜葉即完成。

Tips

1. 用優格醃肉，會有軟化肉質的效果；唯需注意的是，用醃過優格的肉很容易煎焦，建議先擦乾醃料再煎。

2. 胡荽粉又稱為芫荽籽粉。

拿坡里番茄燉肉醬

以烤箱與鑄鐵鍋燉煮肉類，利用烤箱中四面八方的熱源，讓成品香氣、味道都會更加濃郁。搭配長棍或歐式麵包片一起吃，或用醬汁拌義大利麵也很棒。

材料 （2 人份）

梅花肉（或豬腱）300g

豬肋排 3 根

洋蔥 1 顆

豬皮 100g

豬油 1 大匙

橄欖油 適量

番茄泥 300ml

番茄糊 50g

紅酒 1/2 杯

羅勒 數片

鹽 適量

黑胡椒粉 適量

帕瑪森起司 適量

作法

1 洋蔥切碎、梅花肉切大塊、肋排對切，以少許水稀釋番茄糊拌勻，備用。

2 於鑄鐵鍋中加入豬油、橄欖油，放入洋蔥碎，以小火炒至透明，加入豬皮炒一下，接著加入梅花肉塊、豬肋排，炒至肉上色。

3 加入紅酒，煮至稍微收乾後，加入番茄泥、番茄糊和羅勒葉，煮沸後加蓋。

4 整鍋放進預熱至160°C的烤箱，燉煮90分鐘即完成。盛盤時，可刨上一點起司。

1. 材料中的豬油可全數以橄欖油取代。

2. 可先以棉繩捆綁豬皮，這樣在燉煮過程中就可維持形狀。

蒲燒鰻黑米嫩蛋捲

蛋皮除了用煎的，用烤箱也可製作，而且口感非常柔嫩。用蛋皮、甜甜蒲燒醬汁的鰻魚一起做成飯捲，是很營養的餐間點心或是野餐料理。

Tips

1.煮黑米前，需先浸泡2小時，可與白米搭配一起煮，這樣口感就不會太硬。

2.打蛋時，用兩隻筷子來回快速打，以免把空氣打入蛋液中而產生氣泡。

3.如果不喜歡紫蘇葉味道，亦可不加或替換食材。

材料 （2 人份）

黑米飯 1.5 碗
蘆筍小根 8 根
韓國芝麻葉 3-4 葉
（或紫蘇葉）
蒲燒鰻魚縱切半尾
鹽 少許
植物油 少許

蛋皮
全蛋 4 顆
水 25ml
鮮奶油 20ml
太白粉 1 小匙
味醂 10ml
鹽 1 小撮

作法

① 備一滾水鍋，加入鹽、植物油、蘆筍，燙熟後撈出泡冰水，瀝乾備用。

② 將鰻魚擺在鋪有烘焙紙的烤盤，放進預熱至180˚C的烤箱，烤10分鐘後取出，縱切成條狀。

③ 將蛋皮材料倒入碗中，以兩隻筷子來回快速打散，再用網篩過篩。

④ 備一烤盤（22x33cm），噴上烤盤油或用廚房紙巾抹一層油，倒入作法3蛋液。放進預熱至200˚C的烤箱烤4-5分鐘，取出放涼。

⑤ 將蛋皮長邊切半成兩張，備用。在捲壽司用的竹簾上依序鋪上保鮮膜→蛋皮→黑米飯→一排芝麻葉→蘆筍→鰻魚，捲起壓緊實。

⑥ 將壽司分切成1cm厚，每切一次就用溼布擦一下刀子，會比較好切。

風味滷豬腳

以烤箱做法來滷豬腳，並加上煮至濃稠的焦糖液，這樣滷出來的成品口感不僅皮 Q 彈而且肉相當軟嫩，不妨在家試試看。

材料 （2 人份）

豬腳 1 隻

焦糖液｜砂糖 1 大匙
　　　｜水 1 大匙

蔥 2 根
薑 2 片
大蒜 3-4 瓣
滷汁｜醬油 215ml
　　｜料理米酒 200ml
　　｜冰糖 1 大匙
　　｜辣椒 1 根
　　｜滷包 1 包

作法

1. 在大鍋中放入豬腳、冷水，以中大火煮滾後，撈出豬腳洗淨並泡冷水，備用。

2. 製作焦糖液，在小鍋中倒入砂糖、水，以中大火煮至焦糖色後，倒一點熱水下去拌勻（小心操作，以免噴濺）。

3. 製作滷汁，在鑄鐵鍋裡加入切段的蔥、薑、拍扁的大蒜、焦糖液、醬油、米酒、滷包、切對半的辣椒、冰糖、豬腳，倒入水淹過豬腳煮滾。

4. 加蓋放進預熱至180˚C的烤箱，燜烤90-120分鐘（中途需取出，將豬腳翻面）即完成。

Tips

1. 不同品牌的醬油鹹度不同，請依個人家裡醬油的鹹度斟酌用量。

2. 焦糖液會讓豬腳顏色變得更漂亮、更具賣相，或使用老抽取代焦糖液也有上色效果。

檸香油封雞腿

相較瓦斯爐火不易控溫的特性下，烤箱定溫的加熱方式很適合做油封料理。請選用放山雞，或土雞⋯等肉質較緊實的雞肉，才適合做長時間的油封。

材料 （2 人份）

大雞腿 2 隻
鹽（鹽量為雞腿重的 2%）
黑胡椒粉 適量
百里香 1 束

黃檸檬 半顆
大蒜 1 大顆
沙拉油與豬油 適量

作法

1. 將雞腿放入器皿中，加入鹽、黑胡椒粉、百里香、磨入黃檸檬皮屑，在表面抹勻勻，放冰箱醃隔夜。
2. 取出醃好的雞肉，以清水沖洗乾淨。
3. 將雞腿放入鑄鐵鍋，加入大蒜、豬油與沙拉油各一半的量（需淹過雞腿），先開火煮至80°C，再加蓋放進烤箱，以90°C低溫加熱8小時。
4. 食用前，將大雞腿放入平底鍋或烤箱中，煎或烤至表面金黃上色即完成。

1.如果雞腿關節處的雞皮
內縮，就代表油封完成。

2.建議可於安全情況下，
於烤箱低溫油封隔夜。

玉米脆片咖哩雞柳

利用烤箱來做這道食譜，只要準備玉米穀片和噴油罐，就能製作口感相當接近炸物，但用油量卻相對少的炸物料理。

材料 （2人份）

雞里肌肉 6 條
早餐玉米穀片 50g
雞蛋 1 顆
沙拉油 適量
（ 使用噴油罐 ）

醃料

咖哩粉 1 小匙
鹽 適量
黑胡椒粉 適量

作法

1 將雞里肌肉與醃料拌勻，醃漬1小時，備用。

2 玉米片倒入塑膠袋，用擀麵棍壓碎或敲碎。

3 打蛋至淺皿並打散，將雞肉沾上蛋液，一次放一條在塑膠袋內，抖一抖袋子讓雞肉表面沾滿玉米片，一條條沾好，備用。

4 在網架上噴油（或塗油），鋪上作法3的雞里肌於烤盤上，以噴油罐（或刷油）在食材正面噴上一層油。

5 放進預熱至220°C的烤箱，烤約10分鐘至金黃色即完成（中途需翻面，如用旋風模式，改用200°C但不翻面烤）。

Tips

1.為了做出炸物特有的脆
脆麵衣口感，可加入玉米
脆片、泡麵碎…等食材做
輔助。

2.建議利用烤架，其效果
會更佳，以免食材容易因
為出水而造成底部沒有脆
脆的口感。

酥炸爆漿雲吞

不同於餛飩一般的吃法，只用烤箱和少少的油，做成
近似酥炸的口感，而且一口咬下還會爆漿，雙重口感
非常有趣。

材料 （2人份）

絞肉 150g	鹽 少許
花椒水 1 大匙	白胡椒粉 少許
蓮藕 50g	蔥 1 根
醬油 1 小匙	餛飩皮 12 片
料理米酒 2 小匙	莫扎瑞拉起司 12g
玉米粉（或太白粉）2 小匙	

作法

1. 蓮藕去皮切小丁、蔥切蔥花、莫扎瑞拉起
   司切1cm丁，備用。

2. 備一大碗，放入絞肉，慢慢倒入花椒水，
   以順時針拌勻打水。

3. 將餛飩皮、莫扎瑞拉起司以外的材料，與
   絞肉一同拌勻。

4. 在餛飩皮鋪肉餡（一顆約包15g餡），再
   放莫扎瑞拉起士丁包在中間，將餛飩皮束
   起捏緊。

5. 於外皮噴上一層油（或抹油），放入預熱
   至200°C的烤箱烤15分鐘後取出。

Tips

1.花椒水做法是，將熱水半碗加上花椒2.5g泡至冷，瀝出花椒後留下水。

2.以花椒水為絞肉打水，會讓內餡更多汁，同時花椒水也會去除肉腥味。

3.除了蓮藕，也可以替換成荸薺。

〈Part 3〉家電幫手！聰明家電的省力料理

義式紙包烤海鮮

利用烘焙紙包裡密封的空氣對流，以蒸烤方式將海鮮烹調至鮮甜又不失去水分的美味狀態，而且湯汁會充滿濃濃海味。

Tips

在烘焙紙邊緣塗上蛋白再內摺，就能黏得比較緊、也避免裡面的空氣漏出，達到食材被密封蒸烤效果。

材料 （2 人份）

鱸魚片 2 片

蝦 2 尾

蛤蜊 8 顆

白酒 適量

百里香 2 小枝

大蒜 1 瓣

酸豆 1 小匙

小番茄 4 顆

去核黑橄欖 3 顆

鹽 適量

黑胡椒粉 適量

橄欖油 適量

蛋白 適量

作法

1. 大蒜切碎、黑橄欖切輪切片、小番茄切對半，蛤蜊泡鹽水吐沙，備用。

2. 將烘焙紙對摺，剪成心形。

3. 攤開烘焙紙，在中心處塗上橄欖油，將所有海鮮鋪在半邊位置，放上大蒜、酸豆、黑橄欖片、小番茄、百里香。撒上鹽、黑胡椒粉，最後淋一點白酒及橄欖油，在紙緣塗上蛋白並對摺包好，邊緣則向內摺（一邊塗蛋白比較好黏合），最後留一個小洞，放進吸管對內吹氣，讓紙包膨起再立刻封緊。

4. 放進預熱至180°C的烤箱，烤15分鐘至紙包整個鼓起來。取出紙包，以刀子割開紙，即可享用。

香蕉巧克力麵包布丁

以烤箱水浴法來製作這道甜點,半蒸烤的方式可製作出軟嫩的布丁餡口感。

材料 (2 人份)

牛奶 150ml

鮮奶油 100ml

香草莢 1/4 根

雞蛋 1 顆

砂糖 30g

厚片吐司 1/2 包

榛果巧克力醬 適量

白蘭地 1/2 大匙

核桃 4 顆

香蕉 1/2 根

糖粉 適量

作法

① 在烤盅內塗上奶油,香蕉切片,備用。

② 在小鍋中倒入牛奶、鮮奶油,刮出香草籽與香草莢一起放入,煮至冒煙熄火,挾出香草莢並稍微放涼。

③ 在大碗中打入蛋,加砂糖打勻,倒入作法2的香草牛奶液。

④ 將厚片吐司去邊切十字,分成四個小方形,每兩片吐司片塗上榛果巧克力醬夾起來,排入烤盅裡。

⑤ 將作法3過篩,倒入麵包片中,淋上白蘭地,浸漬15分鐘。

⑥ 在最上面鋪香蕉片,撒上切碎的核桃。然後放入稍有深度的烤盤裡,烤盤加熱水(約為烤盅的一半的水量),放進預熱至170˚C的烤箱烤45分鐘後取出,灑上糖粉,趁熱享用。

作法3的蛋液不需打過頭，以免產生太多氣泡。

藍紋起司蘋果酥皮塔

含有強烈特殊風味的的藍紋乳酪，經過烘烤後，會散發出它獨特的發酵風味。喜歡藍紋起司的你，一定要做來吃吃看。

材料 （2 人份 / 4 個）

酥皮 2 片

蘋果 30g

核桃 4 顆

藍紋乳酪 30g

蜂蜜 適量

蛋液 適量

Tips

1.若怕酥皮會因烤箱受熱不均勻，而往一方向傾倒的話，可利用烤盤+烤架，讓烤架架高於酥皮上3cm左右，可使酥皮膨脹至烤架位置為止。

2.藍紋起司可換成味道較輕的藍紋乳酪（例如：義大利的gorgonzola dolce），或用其他乳酪（Brie、Camember）取代。

作法

1 用直徑7cm的圓形模，將酥片壓成圓片8片，取其中4片圓片，再用直徑5cm的模型壓成一個個環形。

2 在圓片上塗蛋液，蓋上環形片，於整個表面刷一層蛋液，再用叉子在中間叉洞，放進預熱至200℃的烤箱烤10分鐘，取出放涼。

3 將蘋果切成小扇形、藍紋乳酪切小丁。

4 在烤好的酥皮中心壓一下，填入藍紋乳酪丁及蘋果片，撒上核桃、淋上蜂蜜。

5 再次放進烤箱，以200℃烤8分鐘後取出。

更多了解！
烤箱料理 Q&A

Q1 為何用烤箱可縮短中式肉品料理的烹調時間？

A 一般在爐子上燉中式肉品料理時，因為是直火，所以會擔心焦鍋或需要花長時間才會軟爛。而烤箱溫度是來自四面八方，而不是只是從底層加熱，而且得一直顧火並攪拌食材，所以用烤箱可能縮短烹調時間，並達到軟爛入味的效果，不妨嘗試做看看。

Q2 電烤箱和蒸烤箱的不同之處？適合怎麼樣的烹調？

A 電烤箱主要為烘烤食物用，而蒸烤箱則除了有獨立烘烤效果外，還有蒸氣烹調的功能，或者可同時進行蒸及烤。對於廚房空間不大或是想買多功能產品的人，蒸烤箱是不錯的選擇。如果只想買單一功能的產品，一般的電烤箱已能滿足大部分的烤箱料理需求。

Q3 用烤箱也可以煮飯？口感和一般煮法哪裡不同？

A 西式的飯料理可用烤箱來做，例如：西班牙海鮮飯。這道料理的傳統做法是在很旺的柴火上煮，整個柴火幾乎包覆著鍋子，所以鍋子上半部的米也會煮熟，但一般家用瓦斯的爐火不夠大，只能以燜蓋方式煮。為讓海鮮飯表面的米也煮熟，可在爐火上煮一半時間後，其餘時間利用烤箱來完成，這樣海鮮飯的米心也能煮透。

另外，像印度香米飯也可使用鑄鐵鍋加蓋的方式，先在爐火上煮至米粒露出水面後，再蓋鍋入烤箱燜烤約18分鐘，口感比單用爐火煮的效果更好吃喔。

Q₄ 除了料理，烤箱有沒有其他附加使用方式？

A ❶ 利用烤箱烹調後的餘熱，或設定溫度低於90度，可以烘乾大型且無法進入烘碗機的鍋具。

❷ 當成乾燥機，低溫烘乾蔬菜水果或堅果類（以90-100°C，烘烤蘋果片、檸檬片、柳橙片、葡萄、香蕉番茄、甜菜根、薯片、紅蘿蔔片、辣椒…等）。

❸ 做甜點時，可利用烤箱加熱時邊融化奶油。

❹ 當成發酵箱使用，有些烤箱能設定溫度低至30°C，可以用來發酵麵團。

Q₅ 一般烘焙麵包會分上下火溫度，若我的烤箱沒有分開上下火，怎麼辦？

A 針對一般沒有上下火的烤箱，如果食譜是分開標註下火與下火的話，可將兩者相加除以二（取中間值），烤盤則靠溫度較高的位置擺放即可（例如：上火180°C，下火200°C，則溫度設定190°C，烤盤位置靠下層）。

Q₆ 烤盤上有比較厚的汙垢，怎麼清潔才好？

A 待烤盤仍有微溫時，加入水與小蘇打水浸泡一陣子，再用軟質菜瓜布刷洗即可。

3-3

調理棒

在國外很常見的調理用機器，例如調理棒或調
理機，都是備料時的給力好幫手。一台順手
好用的調理用機器，能為你省去切碎食材的時
間，還能一次攪打不同粗細、不同軟硬度的食
物，許多媽媽更會拿它來做副食品。透過本章
內容，帶你了解如何更準確地使用這類小家
電，做出快速的美味料理。

了解調理棒 - 使用與愛護

調理棒的功能介紹

在國外，輔助調理食物的機器在家家戶戶很常見，比方食物調理棒、食物調理機是能輔助備料的方便家電，這幾年在台灣也漸漸打開接受度，特別是直立式的機型。市售的直立式調理棒／攪拌棒／料理棒，除了機身外，基本配件大致包含調理棒、切碎杯碗、量杯及打蛋器。以下分別介紹它們：

(A) 機身與調理棒

與機身相關的功能包含了「馬力」、「段速」。首先是馬力，小至125W、大至400W的都有，馬力越強則可攪打的效能也越高，但相對地也增加機身重量。部分機種有渦輪瞬間加速的Turbo功能，可攪打堅硬食材。

一般常見的是單一轉速，但有些高功能產品還會再分多種轉速、以方便處理不同類型的食材。比方攪打蛋白類，可先用高速將蛋白打發起泡後再切換低速，藉由不同段速的調整，可打出較細密的質地。多段數的好處，是為了讓使用者更方便地控制最後希望呈現的食材顆粒大小。

與調理棒相關的部分則有「攪拌軸」、「刀頭設計」、「刀片設計」。調理棒的攪拌軸材質大多使用不鏽鋼金屬，是為了可直接伸入剛煮好的熱湯裡攪打，長度較長者強調可適用各種鍋具，能攪打的容量也比較多。

而刀頭有分「開放式」或「封閉式」的不同設計，開放式刀頭較可以於攪拌時有效帶動所有食材，封閉式刀頭則較能防止食物飛濺。若開放式刀頭設計為波浪鋸齒狀時，特別注意不要讓刀頭直接接觸鍋具，以免傷了鍋具表面。

刀頭材質則有不鏽鋼或鈦合金，鈦合金材質刀片銳利堅韌有力，可攪打冷凍水果類的冰沙奶昔，或堅硬的堅果類食材。常見的刀頭設計有雙刀頭及三刀頭，三刀頭強調攪拌範圍更廣、攪打更快速。

（B）切碎杯碗

切碎杯碗包含了「刀頭」與「杯碗本體」。刀頭大多為不鏽鋼材質，而杯碗材質主要是塑料，因為輕巧且方便清洗。如果你的烹調習慣是常要備料大份量食材，建議可以挑容量大一點的，杯碗容量越大、可攪打的內容物就多。

(C) 量杯

有刻度的量杯和切碎杯碗的材質大多相同，也是塑料，有些品牌附的量杯外型瘦長、較有深度，一般會搭配調理棒及打蛋器做使用。有部分品牌還設計成隨行杯，打完蔬果汁後可直接帶著走，不需再換到其他瓶裡裝。

(D) 打蛋器

打蛋器（攪拌器）分單球形跟雙頭打蛋器，由於球形鋼絲的彈性比較高，晃動的幅度也較大，適合打像蛋白、鮮奶油…等的柔軟食材。如果要攪打稍硬具阻力的食材（像軟化奶油），則使用雙頭打蛋器會更佳，因為雙頭的攪拌面積更廣也更快速。

以上是市售的直立式調理棒／攪拌棒／料理棒會配備的配件，而少數品牌的商品會額外附加多功能的切碎組，可切絲、切片…等的刀片，延伸更多料理可能。

選購這類商品時，可依烹調所需的杯碗容量大小、馬力與機身重量、烹調習慣（常備料何種食材，比方堅硬或柔軟…等）、配件變化來做考量。

✦ 使用調理棒時的注意—烹調時 ✦

依烹調需求選擇適合配件

烹調前，先分辨今天要備料的是什麼食材，再決定使用調理棒或搭配切碎碗杯。例如：調理棒可直接深入鍋具或量杯內，比方攪打濃湯、醬料，或搭配量杯製作蔬果汁（泥）、冰沙、奶昔、美乃滋、嬰兒副食品…等，是偏向液體類食材。

而切碎杯碗則多用於切碎蔬果、堅果、冰塊、肉類…等，也適用於需要冰涼製作環境的塔皮準備，是偏向固體類的食材，或攪打含有小塊狀食材的醬汁。攪打堅果類及冰塊前，需確實閱讀產品說明書是否有強調可使用，因為需要刀頭材質夠堅固才適合攪打，以免打一次刀頭就磨損了。

✦ 如何清洗與保養調理棒—烹調後 ✦

烹調後，切記各配件連接機身的位置，清洗時都不可沖水，需保持乾燥，以免機械損壞。而各配件的清潔方式如下：

量杯、切碎碗杯、調理棒

清洗方式

先於攪拌杯中注入清水（水量不超過杯身的一半），啟動攪打鍵做清潔，之後再洗淨擦乾。如果是難處理的油垢，注水後可加一點清潔劑或蛋殼一起攪打，一樣用清水清洗乾淨，風乾後收納。

打蛋器、調理棒刀片

清潔方式同上，清潔後若有點狀汙垢，請用小塊的軟質菜瓜布或牙刷做刷洗，洗淨後確實擦乾或風乾再收納。

調理棒的聰明料理法

攪打固狀食材順序與注意

使用調理棒的攪打順序的是「先硬再軟」、「先大塊再小塊」，以這樣的方式添加食材才不傷機器。例如：製作青醬時，需先以渦輪瞬速功能（Turbo）攪打松子（堅果類），將松子約略打碎後，再依序加入大蒜，最後才是羅勒葉。

要製作肉丸或漢堡排時，若食材有分大小塊，需先攪打大塊食材。先打大塊的肉類攪打至小塊，再加入其他小塊食材一起打，另建議攪打食材時，先將食材切成大塊，不要一次丟入完整食材做攪打動作。

攪打食材泥時的注意

如果想把食材打成泥狀，則可以不分食材的軟硬度與大小，直接加入一起攪打。但如果是想打成粗碎狀而不是細泥，則以瞬速「打一下停一下」的方式，讓食材先掉落至底部，再重新啟動按鍵（必要時，可用刮刀先刮一下可能黏在杯壁上的食材），重覆以上動作至達到想要的食材大小，這樣就能攪打出一致大小的均勻粗碎狀食材。

攪打食材時的禁忌

切碎杯碗的食材份量需高於刀身位置，才不會有刀頭空轉而無法攪打的問題。如果是使用調理棒攪打水分含量很少的食材而不易攪打時，可適度加少許水一起打，記得以「由上往下壓」的方式即可順利進行攪打動作。攪打液體食材時，加入液體不得超過杯身一半的位置，以免高速攪打時溢出。

Type1

絞 肉 料 理

用調理棒加切碎杯製作絞肉料理非常方便。製作時，
先以渦輪瞬速「打一下停一下」，將大塊肉切碎成小
塊，接著以一樣方式「打一下停一下」，直到需要的
粗、中、細的大小。如果想要打成細緻的泥狀，則從
瞬速打成小塊後不需暫停，直接打至肉泥成團並具有
黏性狀態為止。

Type2

萬 用 醬 汁

不用一一切碎食材，將所有液體及固體食材一起加入
切碎杯碗中（或可使用攪拌棒），食材放置的順序為
「先硬後軟」，直接打至需要的大小即可。

Type3

事 前 備 料

將蔬菜食材加入切碎杯碗，以「打一下停一下」的方
式，將食材打至需求大小。若製作一般醃漬香料或料
理的鋪料時，用調理棒可打至細顆粒狀態，但如果需
將堅硬食材打碎時，例如將花椒粒打成花椒粉，則效
果有限。

Type4

快速濃湯

懶得把湯料煮到軟的話，調理棒可以為你代勞！將調理棒直接放入鍋中，但小心不要刮傷鍋底，啟動攪打鍵打至泥狀（注意攪拌棒伸入湯汁的高度須超過底座的位置，以免湯汁飛濺出來）之後再續煮加熱。

Type5

甜點塔皮

製作塔皮很怕高溫，因為高溫下做出來的塔皮會因為奶油融化變異，導致做出來的塔口感會很硬，這時用調理棒就可代勞。先將麵粉至入杯碗中，先打一下讓空氣進入，接著加冰涼奶油塊再瞬速「打一下停一下」，先將奶油塊切小塊。接著長按30秒以內，打成像乳酪粉一樣的質地，再加入剩餘材料，長按攪打成稍能成團的程度即可。

魚排佐剝皮辣椒香蔥油

自製的剝皮辣椒蒜油相當適合搭配煎好的雞排、魚排，或拌義大利麵吃。使用剝皮辣椒蒜油時，先取出預要的量，以小火加熱一下，讓香氣出來。

材料 （2 人份）

剝皮辣椒 2-3 根

蒜苗綠 20cm

蔥綠 10cm

泡剝皮辣椒的汁 1 大匙

蒜香橄欖油 150ml

煎好的白肉魚排 2 片

作法

1. 將剝皮辣椒、蒜香橄欖油、泡剝皮辣椒汁、蒜苗綠、蔥綠全放入攪拌杯中，打碎所有食材即可。

2. 取一淺碟，以醬汁鋪底或直接淋在事先煎好的魚排上即可享用。

Tips

蒜香橄欖油的自製法：先將大蒜去皮切末，與能醃泡過蒜末的橄欖油份量隔水加熱至50°C後熄火，泡一天後過濾即可。

川味辣醬拌雞絲

正統四川風味的萬用辣醬可沾食，也可涼拌，比方蒜泥
白肉、涼拌雞絲、紅油抄手…等，嗜辣者一定會喜歡。

材料 （2人份）

大蒜 1 瓣

砂糖 1 小匙

醬油 6 大匙

辣油 1 大匙

花椒油 1 小匙

蔥 1 根

香油 數滴

作法

1. 將蔥切成蔥花，備用。

2. 將大蒜、砂糖、醬油放入量杯
中，以手持攪拌棒以「打一下
停一下」至糖溶解，大蒜打至
小顆粒為止。

3. 最後加入辣油、花椒油、蔥
花、香油拌勻即可。

Tips

1. 辣油的量可依各人喜好增減；若
加入白醋，即可變成涼麵醬。

2. 花椒油的自製法：將花椒10g與菜
籽油200g倒入小鍋中，以中小火讓
食材泡出香味後熄火，靜置一天後
再過濾即可。

橄欖醬吐司片

這道萬用醬除了當麵包抹醬外,也可以拌義大利麵、製作燉飯使用。保存時,將橄欖醬放入已消毒且無水分的玻璃罐中,上面再倒入一層橄欖油覆蓋,放冰箱可保存 14 天。

材料 (6 人份)

去核黑橄欖 200g

鯷魚 2 尾

酸豆 1 小匙

大蒜 1/2 瓣

特級橄欖油 4 湯匙

長棍麵包 適量

水煮蛋 適量

羅勒葉 適量

作法

1. 將長棍麵包切成1cm薄片,表面塗上橄欖油,放進預熱至180°C的烤箱,烤至表面金黃後取出。

2. 將黑橄欖、鯷魚、酸豆、大蒜、橄欖油放入切碎杯碗中打成泥。

3. 在每片麵包片上塗打好的橄欖醬,再鋪上水煮蛋片,最後放上羅勒葉。

如果是使用泡水的橄欖罐頭，注意水分要先瀝乾，以免打出來的醬過稀。

雞肉丸子蔬菜湯

以調理機省去手工製作丸子時的壓碎、攪拌的繁複動作，省力省時一樣能做出扎實好口感的手工丸。

材料 （4 人份）

雞胸肉 160g

豆腐 35g

山藥 50g

鹽 適量

鰹魚醬油 1 小匙

薑 1 小塊

當季蔬菜 適量

高湯 適量

作法

1. 將雞胸肉切大塊，放冷凍庫冰至半冷凍狀態（或冷凍後再解凍至一半的程度）。

2. 薑去皮切片、豆腐與山藥切塊，備用。

3. 雞胸肉塊與鹽放入切碎碗杯中，先打成具有黏性的狀態，續加豆腐塊、山藥塊、鹽、醬油、薑一起打成雞肉泥。

4. 備一滾水鍋，煮至冒煙後轉小火維持在80°C，用湯匙舀起雞肉泥成丸子，一一丟入水中煮至浮起即可撈起。

5. 在另一個鍋中煮滾高湯，放入喜愛的蔬菜先煮軟，再放雞肉丸子即完成。

Tips

1. 一開始加鹽和雞肉一起打，是為了幫助蛋白質變成具有黏性的網狀結構。

2. 攪打肉泥時，需保持低溫狀態，所以肉需事先凍過。

2. 烹煮丸子時的水不能大滾，以免丸子煮太久或回鍋煮第二次，組織會鬆散。

堅果酥烤戰斧豬排

將堅果與香草麵包粉打碎後鋪在豬排上，經過烘烤過後的堅果香氣四溢，讓豬排帶著酥脆口感。

材料 （2人份）

戰斧豬排 2 塊　　　　　大蒜 1 瓣
去邊吐司 1 片　　　　　鹽 適量
巴西利 1 束　　　　　　黑胡椒粉 適量
榛果（或其他堅果）40g　橄欖油 適量
帕瑪森起司粉 2 大匙

作法

1　將榛果放入切碎杯碗中打粗碎，加入去邊吐司打一下，續加巴西利葉、大蒜粉打至細碎，拌入帕瑪森起司粉。

2　倒橄欖油入平底鍋加熱，放入戰斧豬排，撒上鹽、黑胡椒，以大火煎兩面各約 1 分鐘，呈表面金黃後熄火。

3　將作法1的堅果粉鋪在豬排上，放入已預熱200°C的烤箱烤約5-10分鐘至上色（豬肉的中心溫度約為 64°C）。

Tips

1. 戰斧豬排為帶骨豬里肌肉連接著肋排的部位，如果沒有，也可用一般豬里肌排取代。

2. 可使用烤箱功能的旋風+上火燒烤，能讓食材迅速上色而不會出水。

辣蔬番茄燉鷹嘴豆義麵醬

這道食譜充滿了香味蔬菜的清甜，加上營養豐富的鷹嘴豆一起燉煮，是一款清爽無負擔的義大利麵醬！其中辣椒粉的量可視個人喜歡酌量增減。

材料 （2人份）

鷹嘴豆 80g	番茄泥 200g
西洋芹 30g	迷迭香 1 枝
洋蔥 30g	辣椒粉 1 小匙
紅蘿蔔 30g	鹽 適量
大蒜 1 瓣	黑胡椒 適量
培根 30g	橄欖油 適量

作法

1. 先將鷹嘴豆泡水，浸泡4小時以上或隔夜，瀝乾備用。
2. 將西洋芹、洋蔥、紅蘿蔔、大蒜放入切碎碗杯中打碎；培根則切成小丁。
3. 倒橄欖油入湯鍋或燉鍋加熱，以小火炒香作法2的蔬菜料，炒約10分鐘後，加入辣椒粉炒勻。
4. 加入培根丁，轉大火炒幾分鐘。加入鷹嘴豆拌勻，續加入番茄泥、迷迭香和水淹過食材，最後以鹽、黑胡椒調味，煮約50分鐘至鷹嘴豆變軟後，取出迷迭香丟棄。
5. 搭配煮至彈牙的義大利麵，撒上起司粉一起享用。

Tips

1. 也可取出鍋中一半量的鷹嘴豆，先以手持式調理棒入鍋打成泥，再加回鍋中煮。

2. 可用棉線綁起迷迭香，就不會因為煮太久而散在醬汁中影響口感。

3. 可視個人喜好的軟硬度增減鷹嘴豆的烹煮時間。

香煎泰式魚餅佐甜雞醬

在家可以利用食物調理機，快速簡單地即可做出來道地的泰國街頭小吃。

材料 （2 人份）

白肉魚（或鯛魚片） 200g

透抽 100g

雞蛋 1 顆 （小型）

鹽 1/4 小匙

砂糖 2 小匙

紅咖哩醬 1 大匙

四季豆 2 條

炸油 適量

泰式甜雞醬 適量

作法

1 將四季豆切小丁，備用。

2 將魚肉、透抽、雞蛋、鹽、砂糖、紅咖哩醬全放入切碎杯碗中，打至有黏性的狀態。

3 加入四季豆，用瞬速「打一下停一下」至混勻成魚肉泥。

4 取出適量魚肉泥，手沾點水防黏，塑形成圓餅狀，放入已熱油的平底鍋中，煎至兩面金黃色後取出，搭配泰式甜雞醬一起享用。

Tips

1. 理想的魚肉泥黏稠度是「杯壁不會沾黏、但調理棒會帶著魚肉泥轉」。

2. 建議魚肉及透抽是在半解凍的狀態攪打，這樣做出來的魚餅會更有脆度。

照燒蓮藕肉餅

香煎過再照燒的蓮藕肉餅,外面是微脆外皮、但內餡肉泥軟嫩,可以一次品嘗到不同口感,用調理棒做肉餅相當快又省力。

材料 (2人份)

	肉餡	醬汁
蓮藕 200g	絞肉 175g	味醂 2 大匙
麵粉 適量	蔥綠 20cm	醬油 1.5 大匙
熟白芝麻 適量	薑 1g	砂糖 1 小匙
	砂糖 1/2 小匙	
	醬油 1/2 小匙	
	玉米粉 1 大匙	
	蛋白 1 大匙	
	白胡椒粉少許	

作法

1. 將肉餡材料全部放入切碎碗杯中,打成有黏性的團狀。

2. 將蓮藕切成4-5mm厚片,泡醋水後取出沖一下冷水並擦乾,表面拍上薄薄一層麵粉,將作法2的肉餡夾在兩片蓮藕中間,用手掌壓一下定型。

3. 倒油入平底鍋加熱,煎熟蓮藕肉餅的兩面至金黃後,倒入醬汁材料燒煮,不時翻面燒至濃稠狀收汁,熄火。盛盤後,撒上白芝麻即完成。

Tips

1.以稀釋過的醋水泡蓮
藕，可避免氧化變黑。

2.蓮藕先拍上一層薄薄
麵粉，可幫助肉餡與蓮
藕黏合。

鮮蝦南瓜濃湯

加入蝦湯一起煮的南瓜湯，不但濃郁而且相當鮮甜。
建議蝦高湯事先備好，之後做這道湯就會很快速。

材料 （2 人份）

蝦子 10 尾
大蒜 1 瓣
洋蔥 1 大匙

南瓜丁 200g
牛奶 1/2 杯
橄欖油 適量

作法

1 將蝦子去頭去殼（頭和殼留下煮高湯用，請參
Tips）；大蒜和洋蔥切碎，備用。

2 倒橄欖油入平底鍋加熱，煎熟蝦仁，取出2隻另做
裝飾用。

3 原鍋先放蒜碎、洋蔥碎炒香，加入南瓜丁炒一下，
倒入蝦高湯煮滾後，轉小火煮約20分鐘至南瓜丁變
軟，加入鹽及黑胡椒調味後熄火。

4 倒入牛奶、蝦子，以手持式調理棒入鍋打至濃稠，
重新開火煮滾後熄火。

5 將湯盛盤，鋪上2隻蝦仁裝飾。

1.簡易蝦高湯做法：在鍋中加熱橄欖油，炒香蝦頭蝦殼，加入白蘭地或白葡萄酒（白蘭地為首選）煮至酒精揮發，加入適量水淹過蝦子煮滾後，轉小火煮30分鐘即完成。

2.裝飾用的蝦子可以先留下尾端再煎，擺盤時比較好看。

小黃瓜酪梨松子冷湯

在夏天裡是否很懶得下廚呢？這時不妨來一碗冷湯吧，綜合了酪梨油脂與松子堅果香氣，而且完全不用火煮，快速攪打就完成。

材料 （2 人份）

小黃瓜 1 根
酪梨 1/2 顆
大蒜 1 瓣
羅勒 4 葉
松子 10g
去皮杏仁 10g

鹽適量
黑胡椒適量
開水 100ml
橄欖油適量
松子適量（裝飾用）

作法

1 加熱平底鍋，放入裝飾用的松子乾焙至表面些微金黃色。

2 酪梨去皮切塊、小黃瓜切厚片，備用。在量杯中放入所有食材，以手持調理棒打成濃湯狀。

3 將冷湯倒入淺皿，撒上焙過的松子即完成。

Tips

1. 打好的冷湯，建議先置
   冰箱冰涼後再取出享用。

2. 亦可使用冰塊水代替開
   水，現打現喝更冰涼。

莓果乳酪小塔

用食物調理機或切碎杯碗可以快速製作出塔皮，省去許多時間，同時也讓塔皮溫度不會那麼高。裝飾用的水果可用覆盆莓、草莓、藍莓、蔓越莓…等。

材料 （4人份）

塔皮
低筋麵粉 125g
細砂糖 30g
無鹽奶油 100g
蛋黃 1 顆
檸檬 1 顆
蘭姆酒 2 小匙
（或瑪薩拉酒）
鹽 1 小撮

乳酪餡
奶油乳酪 125g
鮮奶油 25g
糖粉 25g
蘭姆酒（或瑪薩拉酒） 1 小匙

裝飾
莓果類適量
糖粉適量

作法

1. 將奶油切小塊，放入冰箱；奶油乳酪放室溫下軟化，備用。
2. 在切碎杯碗中倒入麵粉，先打入空氣，再加入奶油。以「打一下停一下」打碎奶油，再持續打幾秒至類似乳酪粉的狀態。
3. 加入細砂糖、鹽打一下至均勻，接著加入蛋黃、磨入檸檬皮屑，快速打30秒。之後加蘭姆酒調整濕度，打至接近成團時取出，壓成約3cm厚度，覆上保鮮膜後放冰箱休息30分鐘。
4. 用打蛋器配件將奶油乳酪攪打呈滑順狀態，加上糖粉打勻，再加入鮮奶油打勻。
5. 從冰箱取出塔皮，擀成4mm厚，將塔皮放入塔模中，先貼合底部，再以手指將邊緣壓緊實，並用叉子在底部戳洞。
6. 放入預熱至180˚C的烤箱，烤15分鐘至上色後取出，放架上待涼之後脫模。
7. 在烤好的塔皮填入乳酪餡，鋪上水果，最後撒糖粉裝飾。

Tips

1. 可事先做好乳酪餡
（亦可不加酒），放
冰箱冷藏4小時以上熟
成，如此風味更佳。

2. 等開始使用塔皮，再
自冰箱取出奶油，因為
溫度太高的奶油會使塔
皮太軟易裂。

3. 若是夏天製作此甜
點，建議將切碎杯碗、
刀片等置入冰箱，先冷
藏再使用。

開心果磅蛋糕

以攪拌棒快速將奶油輕鬆打發，只要攪拌 5 分鐘，就能快速做出磅蛋糕麵糊！

材料 （4 人份）

無鹽奶油 100g

細砂糖 80g

雞蛋 2 顆

檸檬皮屑 少許

泡打粉 2g

低筋麵粉 100g

鹽 1 小撮

杏桃果醬 2 大匙

開心果碎 1 大匙

作法

1. 奶油放室溫下軟化、雞蛋放室溫至退冰，泡打粉與低筋麵粉一起過篩，備用．

2. 於鋼盆中先放奶油，以調理棒打至滑順，再加入細砂糖，以高速打至呈淺黃色的起毛狀。將蛋打散至碗中，分次倒入鋼盆，每次要確實打勻再續加蛋液。

3. 加入檸檬皮屑、泡打粉與低筋麵粉、鹽，用刮刀拌勻成麵糊。

4. 在模具內塗油、撒上薄薄一層麵粉，再倒入作法3的麵糊，放入已預熱至170°C的烤箱，烤35分鐘後取出。

5. 取出後，讓蛋糕模敲一下桌子並脫模，放架上待涼。

6. 在小鍋中加入杏桃果醬，以小火煮溶後，在蛋糕上薄薄塗一層，再撒上開心果碎即完成。

1.攪打奶油前，要確定已回軟至室溫（用手指按壓會有凹洞的狀態）再開始打。

2.必須用室溫雞蛋，攪打時要分次加入，每次打勻才加下一次蛋液，以免麵糊油水分離。

更多了解！
攪拌棒料理 Q&A

Q1 想將堅硬的食材打成粉末時，需注意什麼食材？

A 一般強調刀頭堅韌的食物處理機，大多可將堅果類…等食材打成粉末，但像更堅硬的食材，例如：咖啡豆、花椒…等則無法打成粉末，需使用專門的磨豆機。

Q2 如何用調理棒預做各種食物泥、常備香料粉讓下廚更輕鬆？

A 西式料理常用到的爆香料（洋蔥、西洋芹、紅蘿蔔…等），可預先大量攪打，再分包或分盒放冰箱冷凍保存，可用來做濃湯、咖哩、燉煮料理…等。如果是中式料理，則可以先攪打蒜末，一樣分包或分盒保存（若打完蒜末的切碎杯碗中仍有味道，可加水與檸檬汁，攪打後再清洗，可以去除蒜味）。

Q3 以調理棒接打蛋器來打發鮮奶油效率如何？

A 用調理機接打蛋器再搭配量杯，其打發鮮奶油的速度相較於一般打鮮奶油的方式約快上2倍。這是因為量杯的底面積較窄，而一般以盛裝鋼盆的底面較廣的緣故，所以能更快速地攪打好鮮奶油。

Q₄ 為什麼用調理棒攪打塔皮相當適合？

A 因為製作塔皮需在冰涼狀態下完成，一般用手抓奶油與麵粉搓一起時，手的溫度難免造成奶油融化、使得塔皮柔軟而沾黏。原本應該在烤箱中才融化的奶油，因為手的溫度，而使奶油在製作過程就融化滲入麩素中（麩素原來是形成網狀結構包覆澱粉粒子，奶油分布在外圍），麩素在烘烤過程像被油炸過一樣，會使烤後的塔皮口感硬到很難吃。但改用調理棒／調理機的話，只要直接投入奶油塊即可，就能避免這樣的情況。

Q₅ 除了甜點，還有製作什麼料理也很方便？

A 可以用調理棒製作法式火腿慕斯、雞肉慕斯、鮭魚慕斯，也很好用。但記得切碎杯碗與刀片需先放冰箱冷藏、之後再取用做攪打，因為攪打肉泥的過程中會升溫，如果在已升溫的肉泥中直接拌入打發鮮奶油的話，很容易因為溫度過高而造成油水分離的狀況。

Q₆ 有些機種附有「多功能刀片」，能做什麼料理輔助？

A 部份品牌另有搭配多功能刀片組，例如用切絲刀片刨紅蘿蔔絲、用切片刀片來切小黃瓜片做生菜沙拉…等。如果需製作大量蒜泥或薑泥做料理，則可使用磨泥刀片，以提昇備料速度。

樂食 *Santé 01*

用廚房道具學做菜：

從烹調原理、日常使用到料理嘗試，讓下廚更有效率

作者————————— Winnie、彭安安、王安琪、包周
總編輯————————— 郭昕詠
主編————————— 蕭歆儀
副主編————————— 賴虹伶
編輯————————— 王凱林、陳柔君、徐昉驊
行銷企劃———————— 何冠龍

封面與內頁設計 —— megu
特約攝影———————— 王正毅

社長————————— 郭重興
發行人兼出版總監— 曾大福

出版者—— 幸福文化出版／遠足文化事業股份有限公司
地址——— 231 新北市新店區民權路 108-2 號 9 樓
電話——— (02)2218-1417
傳真——— (02)2218-8057
電郵——— service@bookrep.com.tw
郵撥帳號— 19504465
客服專線— 0800-221-029
部落格——— http://777walkers.blogspot.com/
網址——— http://www.bookrep.com.tw
法律顧問— 華洋法律事務所 蘇文生律師

印製——— 凱林彩印股份有限公司
電話——— (02) 2794-5797

初版一刷— 西元 2017 年 6 月
Printed in Taiwan 有著作權 侵害必究

國家圖書館出版品預行編目 (CIP) 資料

用廚房道具學做菜 / Winnie 等著 . -- 初版 . -- 新北市
：幸福文化，遠足文化，2017.06
　面；　公分 . -- (Santé；1)
ISBN 978-986-94174-7-1(平裝)

1. 烹飪 2. 食物容器

427.9　　　　　　　　　　　　　　　 106009934